Einstern

3

Arbeitsheft

Erarbeitet von Roland Bauer und Jutta Maurach

In Zusammenarbeit mit der Redaktion Mathematik Grundschule

Cornelsen

Inhaltsverzeichnis

Lernportion 1 Zahlen bilden und notieren ... 4
Zahlen unterschiedlich darstellen ... 5

Lernportion 2 Zahlen in Hundertertafeln ergänzen und Paare finden ... 6
Zahlen am Zahlenstrahl ablesen und eintragen ... 7
Zahlen vergleichen und ordnen ... 8
Zahlenfolgen erkennen und Zahlen der Größe nach verbinden ... 9

Lernportion 3 Plusaufgaben mit Hundertern lösen ... 10
Plusaufgaben mit Hundertern und Zehnern mithilfe verwandter Aufgaben lösen ... 11
Plusaufgaben in Schritten lösen ... 12
Minusaufgaben mit Hundertern lösen ... 13
Minusaufgaben mit Hundertern und Zehnern mithilfe verwandter Aufgaben lösen ... 14
Minusaufgaben in Schritten lösen ... 15
Plus- und Minusaufgaben lösen ... 16

Lernportion 4 Achsensymmetrie erkennen und Symmetrieachsen einzeichnen ... 17
Spiegelbilder ergänzen ... 18

Lernportion 5 Plusaufgaben mit Zehnern und Einern lösen ... 19
Plusaufgaben mit Hundertern und Zehnern in Schritten lösen ... 20
Plusaufgaben mit Hundertern, Zehnern und Einern in Schritten lösen ... 21

Lernportion 6 Minusaufgaben mit Zehnern und Einern lösen ... 22
Minusaufgaben mit Hundertern und Zehnern in Schritten lösen ... 23
Minusaufgaben mit Hundertern, Zehnern und Einern in Schritten lösen ... 24

Lernportion 7 Plus- und Minusaufgaben üben ... 25

Lernportion 1 In der Stellentafel addieren ... 26
Mit einer Übertragszahl addieren ... 27
Mit zwei Übertragszahlen addieren ... 28

Lernportion 2 Uhrzeiten in Stunden und Minuten ablesen und einzeichnen ... 29
Uhrzeiten in Stunden, Minuten und Sekunden ablesen und einzeichnen ... 30
Zeitspannen und Zeitpunkte bestimmen ... 31
Zeitspannen in Schritten bestimmen ... 32
Zeitdauer mithilfe von Pfeilbildern bestimmen ... 33

Lernportion 3
Schriftliches Addieren üben 34
Additionsaufgaben zusammenstellen und lösen 35
Ergebnisse mithilfe der Überschlagsrechnung überprüfen 36

Lernportion 4
Flächenformen beschreiben und zeichnen 37
Bandornamente und Parkette erstellen 38

Lernportion 1
Schriftliches Subtrahieren üben 39
Mit einem Tauschvorgang subtrahieren 40
Mit mehreren Tauschvorgängen subtrahieren 41

Lernportion 2
Schriftliches Subtrahieren üben 42
Mit einem Übertrag subtrahieren 43
Mit mehreren Überträgen subtrahieren 44

Lernportion 3
Körperformen und ihre Eigenschaften erkennen 45
Würfelbauten untersuchen 46
Geometrie im Kopf: Würfelgebäude passend einfärben 47
Quadernetze erkennen und ergänzen 48

Lernportion 4
Schriftliches Subtrahieren üben 49
Rechnungen überprüfen 50

Lernportion 5
Mit Zentimeter und Millimeter umgehen 51
Längenangaben in andere Einheiten umwandeln 52

Lernportion 1
Einmaleins- und Geteiltaufgaben wiederholen und üben 53

Lernportion 2
Multiplikation und Division mit Zehnerzahlen üben 54

Lernportion 3
Gewichte ermitteln – passende Repräsentanten finden 55
Gewichtsangaben umwandeln, vergleichen und ordnen 56

Lernportion 4
Zweistellige Zahlen multiplizieren 57
Divisionsaufgaben schrittweise lösen und kontrollieren 58
Dreistellige Zahlen schrittweise dividieren 59

Lernportion 5
Geldbeträge unterschiedlich zusammenstellen 60
Geldbeträge unterschiedlich notieren 61
Passende Rechnungen und Antworten finden 62

Lernportion 6
Ein Fahrrad zusammenstellen 63
Glücksräder nach Gewinnchance gestalten 64

1 Bestimme für jedes Bild die Anzahl der Hunderter, Zehner und Einer.
Schreibe in eine Stellentafel und als Zahl

a)

H	Z	E
4	3	1

431 Eier

b)

H	Z	E

Eier

c)

H	Z	E

Perlen

d)

H	Z	E

Perlen

2 Bestimme für jedes Bild die Anzahl der Hunderter, Zehner und Einer.
Schreibe in eine Stellentafel und als Zahl

a)

6 H 3 Z 7 E

H	Z	E
6	3	7

637

b)

H	Z	E

c)

H	Z	E

d)

H	Z	E

1 Übertrage die Zahldarstellungen in Plusaufgaben und in die Stellentafel.

a) □□□||||| ....

300 + 50 + 4 = 354

H	Z	E
3	5	4

b) □□□□□||| ......

H	Z	E

c) □□□□□ □□ ...

H	Z	E

d) □□□□|||||| |||

H	Z	E

2 Zeichne die passenden Bilder.

a)

H	Z	E
2	4	9

□□|||| ....

b)

H	Z	E
6	1	4

c) 4H 6Z 3E

d) 7H 0Z 5E

e) 570

f) 306

3 Immer zwei Zahldarstellungen gehören zusammen. Verbinde.

□□□□|| .....

872

H	Z	E
3	6	4

□□□|||||| ....

H	Z	E
5	8	3

4H 2Z 5E

8H 7Z 2E

697

500 + 80 + 3

600 + 90 + 7

1 Arbeite mit der Tausendertafel.

a) Trage in beiden Hundertertafeln die fehlenden Zahlen ein.

101	102	103	104	105	106	107		109	110
111		113	114	115		117	118	119	
121	122			125	126		128		130
		133	134			137			140
141				145	146			149	
151	152	153	154					159	160
161			164			167			170
		173			176			179	
181		183		185		187		189	
	192		194		196		198		200

501	502	503	504	505			508	509	510
511	512			515	516	517	518		520
		523	524				528	529	
531	532	533			536			539	540
541			544					549	
	552				556	557			560
		563		565			568		
571	572			575			578		
		583			586			589	
591			594				598		600

b) Kreise die Zahlen ein, die in beiden Tafeln an der gleichen Stelle fehlten.
Schreibe 12 solcher Zahlenpaare auf.

105, 505

2 Trage die fehlenden Zahlen ein.

a)

514		516	
524			
	535		
			547
	555		
		566	
574			
584			
		596	

b)

601			

c)

		209	
227	228		

d)

	655	

e)

			686

f)

736	737		
746			

g)

	366	
375		

1 Markiere in den Ausschnitten aus dem Zahlenstrahl bis 1 000 die folgenden Zahlen mit einem Pfeil.

a) ~~180~~, 240, 223, 171, 208

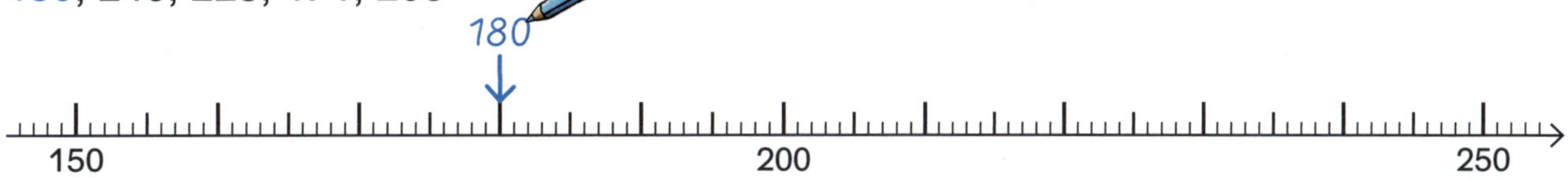

b) 420, 433, 467, 449, 381

c) 780, 799, 735, 759, 831

2 Trage die markierten Zahlen ein.

a)

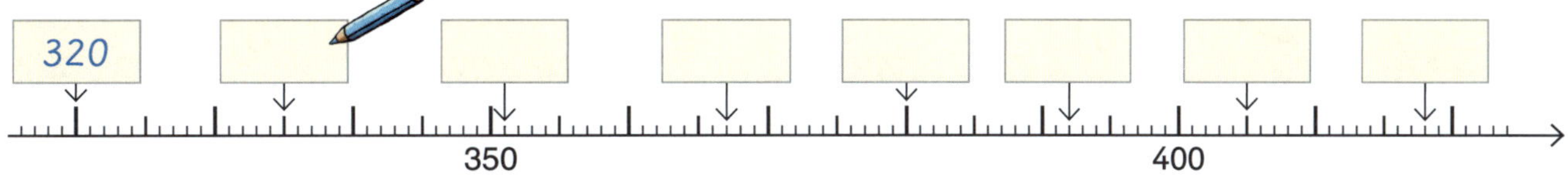

b)

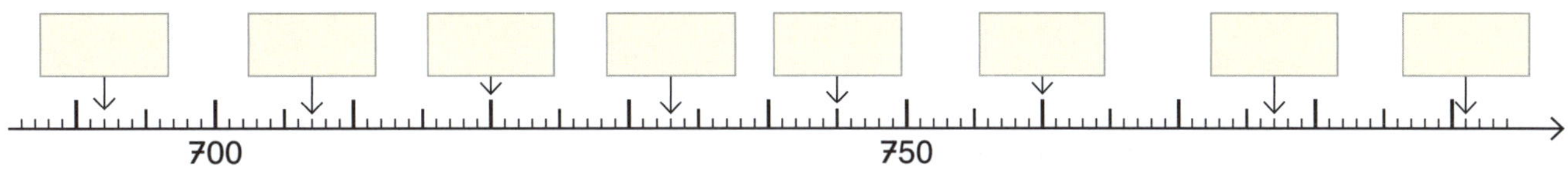

c)

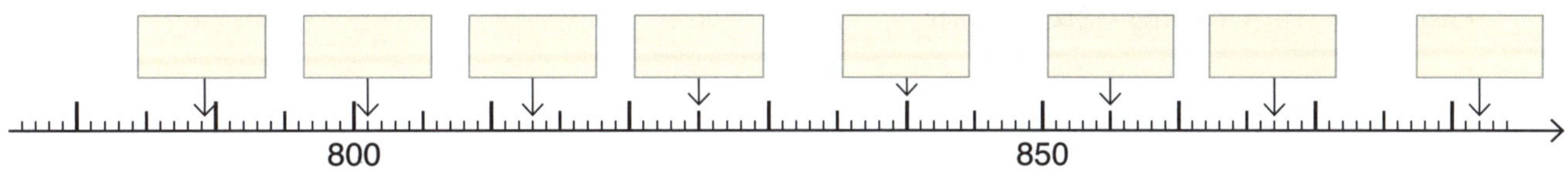

3 Überlege, welche Zahlen markiert sind. Trage sie ein.

a)

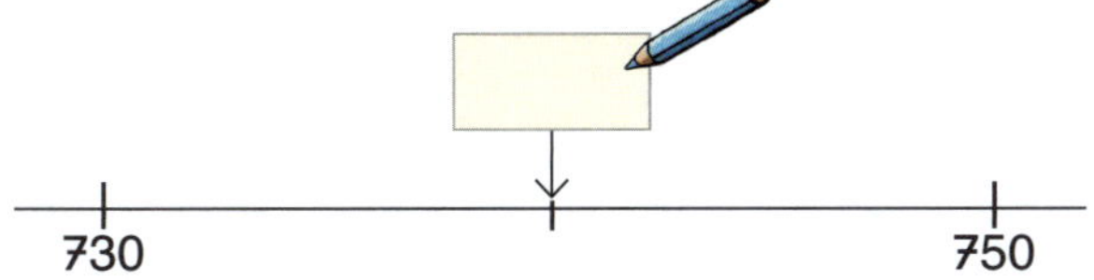

b)

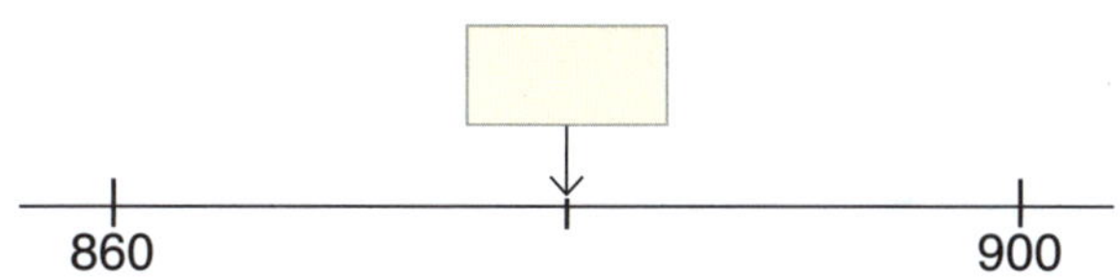

c)

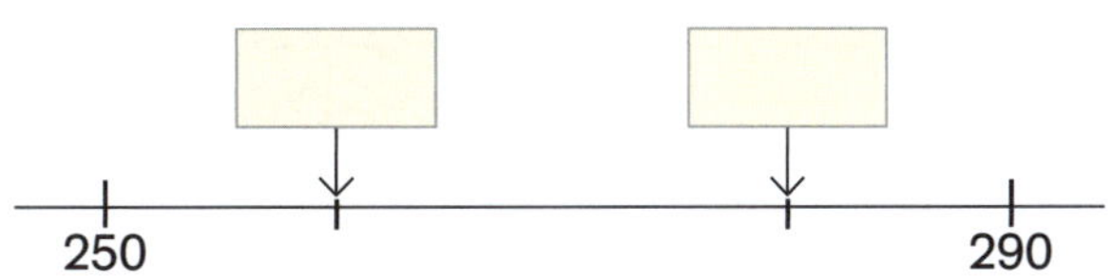

d)

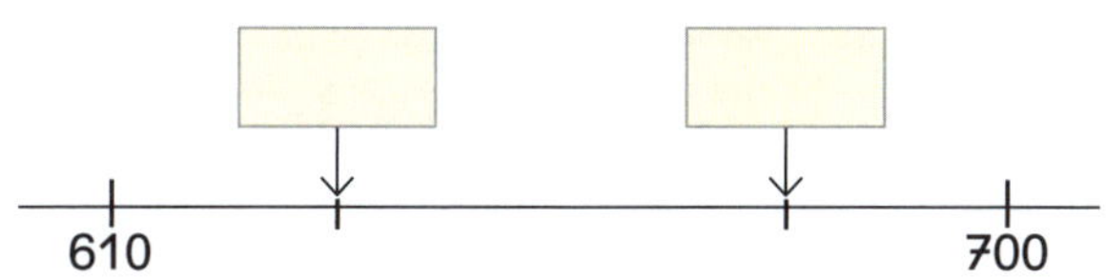

1 Setze die Zeichen <, > oder = passend ein.

a)
536 < 619
427 ◯ 388
456 ◯ 456
234 ◯ 610
187 ◯ 781

b)
516 ◯ 614
882 ◯ 783
555 ◯ 444
603 ◯ 603
123 ◯ 132

c)
520 ◯ 379
149 ◯ 406
396 ◯ 621
742 ◯ 723
987 ◯ 969

d)
400 ◯ 399
679 ◯ 679
856 ◯ 901
740 ◯ 675
841 ◯ 837

2 Male immer die kleinste Zahl rot an.

a) 164 167 519 516

b) 786 782 497 491

c) 358 355 886 882

d) 695 690 276 279

3 Male immer die größte Zahl gelb an.

a) 776 779 354 358

b) 544 548 675 670

c) 634 674 253 283

d) 463 493 995 955

4 Ordne die Zahlen der Größe nach. Die Buchstaben ergeben ein Lösungswort. Beginne mit der kleinsten Zahl.

a)

406	327	219	501	328
H	U	B	E	C
219				
B				

b)

240	198	793	791	204
N	T	E	N	A

c)

464	730	553	641	376
H	N	O	R	A

d)

612	599	874	904	871
I	E	H	E	C

1 Erkenne die Zahlenfolgen und verbinde die Zahlen der Größe nach.

von 356 bis 476	von 916 bis 1 001
von 634 bis 592	von 227 bis 117

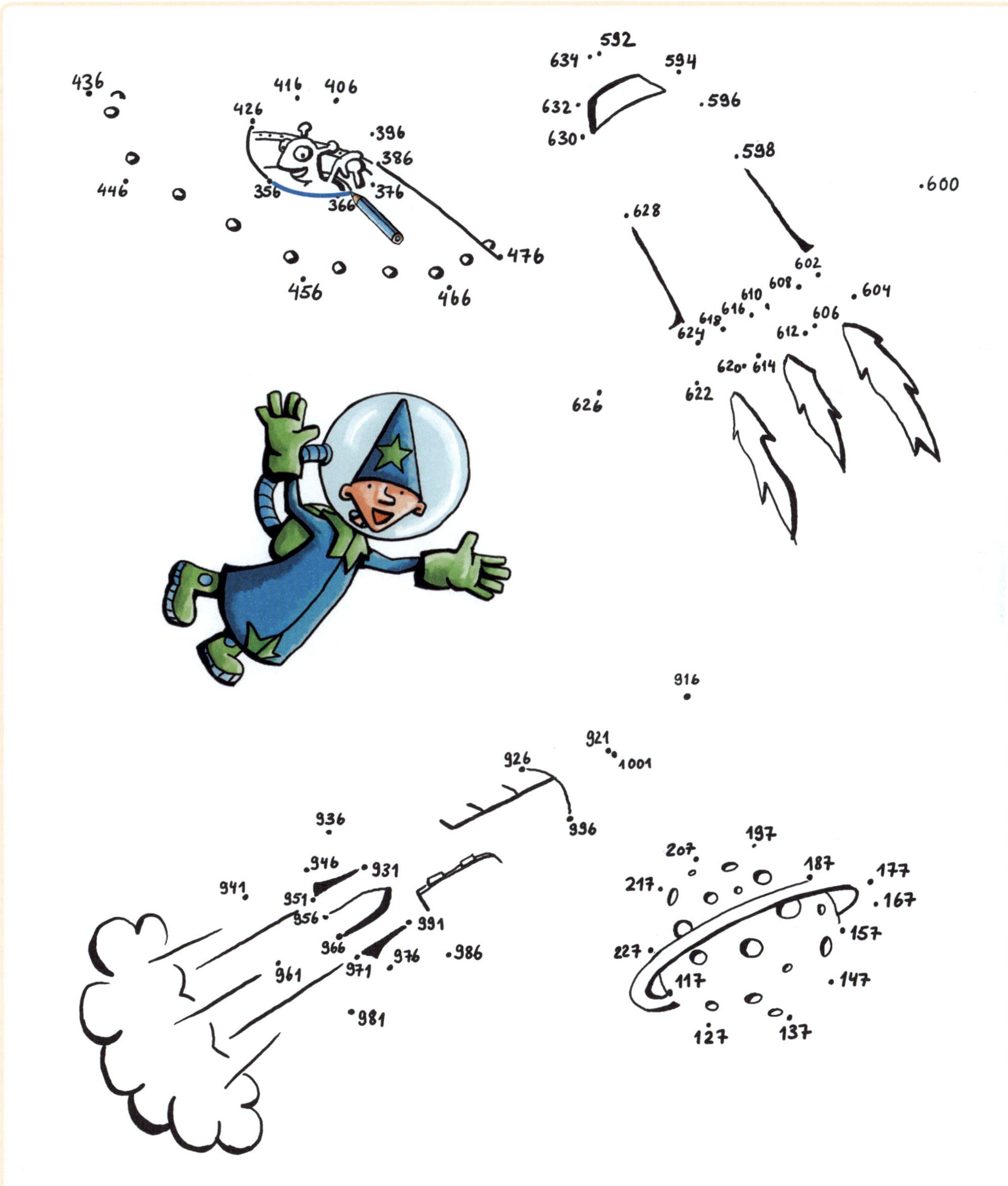

1 Schreibe zu den Bildern Plusaufgaben.

a) 
300 + 200 = 500

b) 
☐ + ☐ = ☐

c) 
☐ + ☐ = ☐

d) 
☐ + ☐ = ☐

e) 
☐ + ☐ = ☐

f) 
☐ + ☐ = ☐

g) 
☐ + ☐ = ☐

h) 
☐ + ☐ = ☐

i) 
☐ + ☐ = ☐

2 Löse die Aufgaben. Du kannst die Aufgaben auch legen oder zeichnen.

a) 158 + 200 = 358
436 + 500 = ☐
285 + 600 = ☐

b) 425 + ☐ = 825
192 + ☐ = 792
538 + ☐ = 938

c) ☐ + 223 = 623
☐ + 432 = 732
☐ + 576 = 876

3 Fülle die Rechentabellen aus.

a)

+	100	300	500	200
187	287			
456				
308				

b)

+	200	400	300	100
236				
417				
501				

4 Fülle die Rechenketten vollständig aus.

a) 236 —+300→ ☐ —+200→ ☐ —+100→ ☐

61 —+400→ ☐ —+300→ ☐ —+200→ ☐

b) 142 —◯→ 242 —◯→ 542 —◯→ 942

259 —◯→ 559 —◯→ 759 —◯→ 859

3 Plusaufgaben mit Hundertern und Zehnern mithilfe verwandter Aufgaben lösen

1 Löse die verwandten Aufgaben.

a)		b)		c)	
60 + 20 =	80	40 + 50 =		20 + 40 =	
65 + 20 =		48 + 50 =		27 + 40 =	
365 + 20 =		548 + 50 =		627 + 40 =	

2 Finde jeweils die drei Kärtchen mit verwandten Aufgaben.
Umkreise sie immer in der gleichen Farbe und löse sie.

30 + 50 = 80	40 + 30 =	23 + 70 =	538 + 50 =
20 + 40 =	20 + 70 =	38 + 50 =	925 + 40 =
48 + 30 =	25 + 40 =	848 + 30 =	223 + 70 =

3 Finde und löse zuerst die kleinen Aufgaben.

a)

20	+	70	=	90
25	+	70	=	
425	+	70	=	

b)

	+		=	
	+		=	
635	+	50	=	

c)

	+		=	
	+		=	
738	+	40	=	

4 Löse die verwandten Aufgaben.

a)		b)		c)	
20 + 70 =	90	20 + 40 =		10 + 80 =	
23 + 70 =		28 + 40 =		14 + 80 =	
323 + 70 =		528 + 40 =		614 + 80 =	
323 + 270 =		528 + 240 =		614 + 280 =	

5 Finde und löse zuerst die kleinen Aufgaben.

a)

50	+	20	=	70
58	+	20	=	78
458	+	20	=	
458	+	320	=	

b)

	+		=	
	+		=	
	+		=	
327	+	260	=	

c)

	+		=	
	+		=	
	+		=	
742	+	230	=	

1 Verbinde Aufgaben und Rechenbilder passend.
Löse dann die Aufgaben. Schreibe deine Rechenschritte auf.

324 + 42 =				
324	+		=	
	+		=	

412 + 24 =				
	+		=	
	+		=	

422 + 43 =				
	+		=	
	+		=	

232 + 120 =				
	+		=	
	+		=	

331 + 210 =				
	+		=	
	+		=	

413 + 130 =				
	+		=	
	+		=	

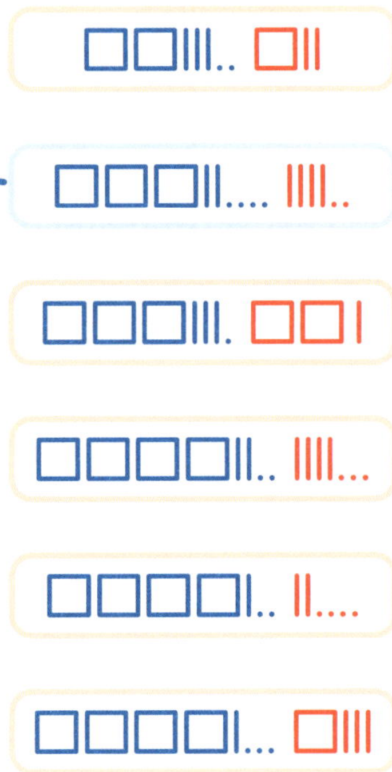

2 Löse die Aufgaben. Schreibe deine Rechenschritte auf.

a) 517 + 340 =
517 + ___ = ___
___ + ___ = ___

b) 435 + 250 =
___ + ___ = ___
___ + ___ = ___

c) 136 + 640 =
___ + ___ = ___
___ + ___ = ___

d) 825 + 34 =
___ + ___ = ___
___ + ___ = ___

e) 675 + 13 =
___ + ___ = ___
___ + ___ = ___

f) 542 + 36 =
___ + ___ = ___
___ + ___ = ___

3 Ergänze die Zahlenmauern.

a)

b)

c)

d)

e)

f)

1 Schreibe zu den Bildern Minusaufgaben.

a) 
800 – 300 = 500

b) 
___ – ___ = ___

c) 
___ – ___ = ___

d) 
___ – ___ = ___

e) 
___ – ___ = ___

f) 
___ – ___ = ___

g) 
___ – ___ = ___

h) 
___ – ___ = ___

i) 
___ – ___ = ___

2 Löse die Aufgaben. Du kannst auch zuerst legen oder zeichnen.

a) 856 – 400 = 456
543 – 200 = ___
921 – 700 = ___

b) 605 – ___ = 105
423 – ___ = 223
795 – ___ = 495

c) ___ – 300 = 425
___ – 700 = 147
___ – 800 = 59

3 Fülle die Rechentabellen aus.

a)

–	100	300	200	500
625	525			
983				
772				

b)

–	100	700	500	600
782				
924				
835				

4 Fülle die Rechenketten vollständig aus.

a) 921 —(–300)→ ___ —(–200)→ ___ —(–100)→ ___

785 —(–100)→ ___ —(–400)→ ___ —(–100)→ ___

b) 759 —( )→ 559 —( )→ 459 —( )→ 159

705 —( )→ 505 —( )→ 905 —( )→ 605

1 Löse die verwandten Aufgaben.

a) 90 – 30 = 60
94 – 30 = ___
594 – 30 = ___

b) 70 – 50 = ___
73 – 50 = ___
673 – 50 = ___

c) 80 – 60 = ___
87 – 60 = ___
487 – 60 = ___

2 Finde jeweils die drei Kärtchen mit verwandten Aufgaben.
Umkreise sie immer in der gleichen Farbe und löse sie.

90 – 40 = 50	74 – 20 = ___	80 – 50 = ___	70 – 20 = ___
82 – 50 = ___	95 – 40 = ___	40 – 20 = ___	847 – 20 = ___
47 – 20 = ___	782 – 50 = ___	274 – 20 = ___	695 – 40 = ___

3 Finde und löse zuerst die kleinen Aufgaben.

a) 80 – 30 = 50
87 – 30 = ___
687 – 30 = ___

b) ___ – ___ = ___
___ – ___ = ___
845 – 20 = ___

c) ___ – ___ = ___
___ – ___ = ___
596 – 60 = ___

4 Löse die verwandten Aufgaben.

a) 90 – 70 = 20
94 – 70 = ___
694 – 70 = ___
694 – 370 = ___

b) 80 – 50 = ___
84 – 50 = ___
784 – 50 = ___
784 – 350 = ___

c) 50 – 30 = ___
59 – 30 = ___
859 – 30 = ___
859 – 430 = ___

5 Finde und löse zuerst die kleinen Aufgaben.

a) 60 – 40 = 20
68 – 40 = 28
768 – 40 = ___
768 – 240 = ___

b) ___ – ___ = ___
___ – ___ = ___
___ – ___ = ___
973 – 450 = ___

c) ___ – ___ = ___
___ – ___ = ___
___ – ___ = ___
685 – 350 = ___

1 Verbinde Aufgaben und Rechenbilder passend.
Löse dann die Aufgaben. Schreibe deine Rechenschritte auf.

445 − 24 = ___
445 − ___ = ___
___ − ___ = ___

287 − 54 = ___
___ − ___ = ___
___ − ___ = ___

169 − 23 = ___
___ − ___ = ___
___ − ___ = ___

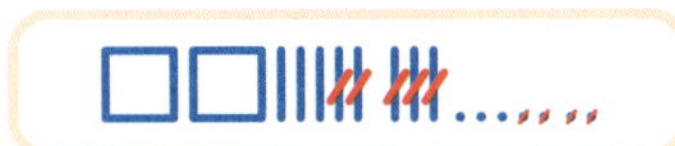

452 − 220 = ___
___ − ___ = ___
___ − ___ = ___

374 − 140 = ___
___ − ___ = ___
___ − ___ = ___

513 − 310 = ___
___ − ___ = ___
___ − ___ = ___

2 Löse die Aufgaben. Schreibe deine Rechenschritte auf.

a) 975 − 620 = ___
975 − ___ = ___
___ − ___ = ___

b) 768 − 240 = ___
___ − ___ = ___
___ − ___ = ___

c) 883 − 540 = ___
___ − ___ = ___
___ − ___ = ___

d) 678 − 52 = ___
___ − ___ = ___
___ − ___ = ___

e) 552 − 41 = ___
___ − ___ = ___
___ − ___ = ___

f) 497 − 53 = ___
___ − ___ = ___
___ − ___ = ___

3 Ergänze die Zahlenhäuser.

a)

−120	
458	338
545	
873	
981	

b)

−350	
864	
573	
785	
682	

c)

−45	
378	
257	
569	
499	

d)

−52	
678	
795	
877	
486	

1 Fülle die Rechentabellen aus. Rechne mit deinen Rechenschritten im Kopf. Kontrolliere die Ergebnisse. Die Lösungszahlen findest du in den Sternen.

a)

+	300	420	31
268	568		
412			
536			

299 443 567 ~~568~~ 688 712 832 836 956

b)

−	200	340	25
876			
758			
647			

307 418 447 536 558 622 676 733 851

2 Ergänze die Zahlenmauern. Rechne in zwei Rechenschritten im Kopf.

a)

b)

c)

d)

e)

f)

3 Finde sechs weitere Aufgaben mit falschem Ergebnis. Schreibe die richtigen Ergebnisse auf.

a)
425 + 130 = 355 ✓
867 − 340 = ~~517~~ 527
528 + 450 = 978 ______
243 + 520 = 693 ______
975 − 660 = 315 ______
463 − 240 = 223 ______

b)
315 + 43 = 385 ______
578 − 52 = 526 ______
673 + 26 = 699 ______
756 − 35 = 731 ______
815 + 74 = 889 ______
948 − 23 = 925 ______

c)
478 + 320 = 798 ______
792 − 570 = 322 ______
368 − 56 = 321 ______
827 + 52 = 879 ______
675 − 34 = 641 ______
543 + 51 = 584 ______

1 Stelle fest, welche Figuren achsensymmetrisch sind.
Nutze dafür einen Spiegel. Kreuze an.

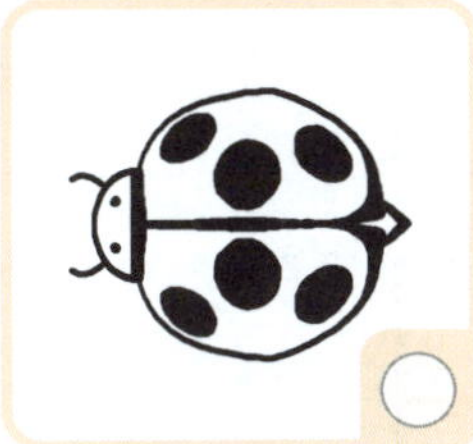
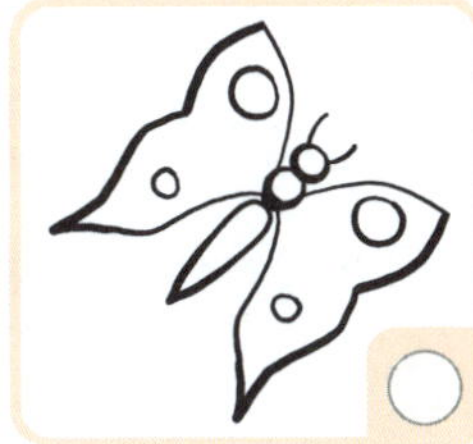

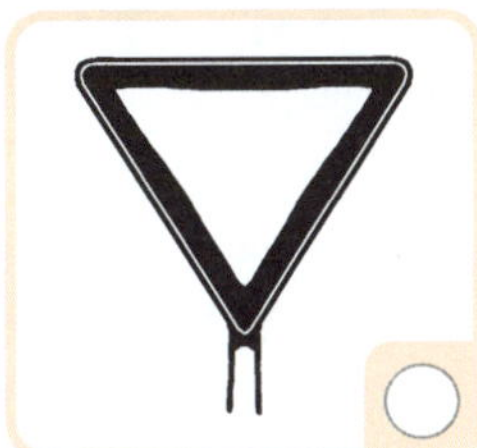

2 Stelle fest, ob die Figuren achsensymmetrisch sind. Zeichne bei achsensymmetrischen Figuren mit einem roten Stift alle Symmetrieachsen ein.
Benutze ein Lineal.

a) 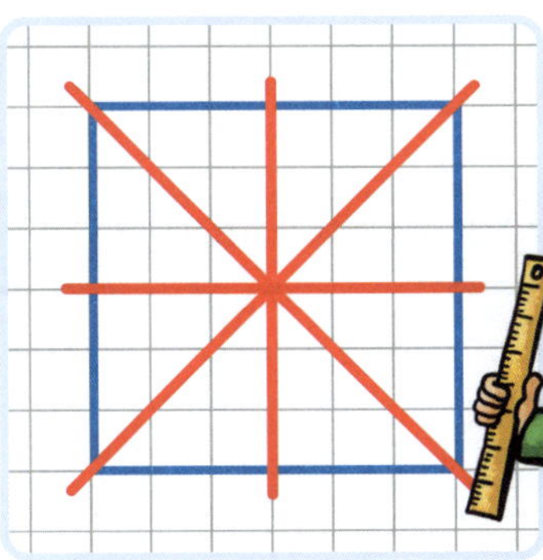

b) 

c) 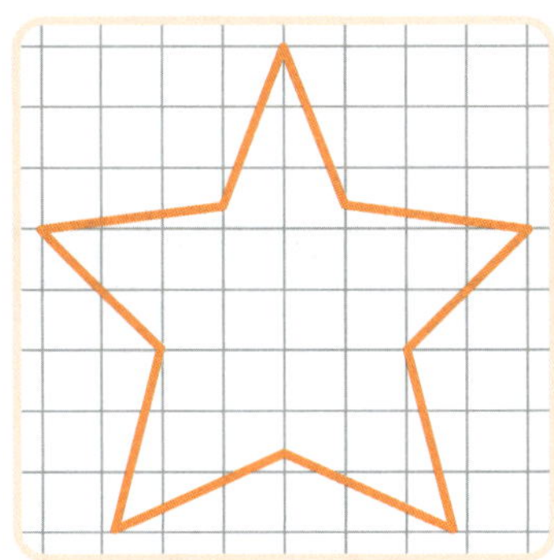

d) 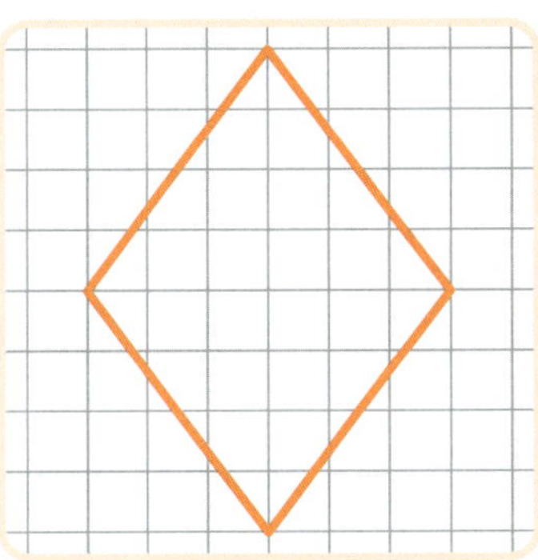

e) 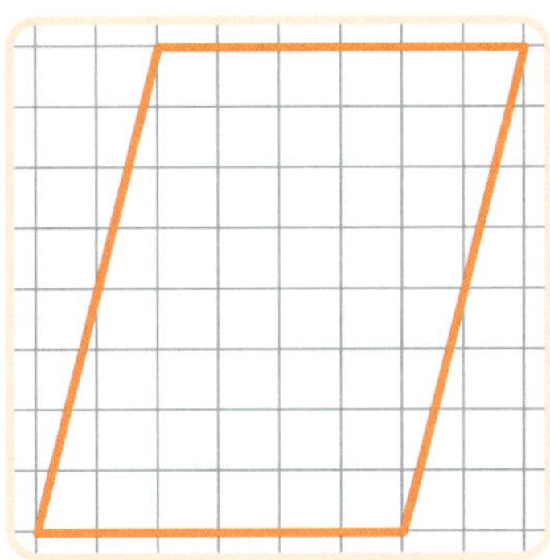

f) 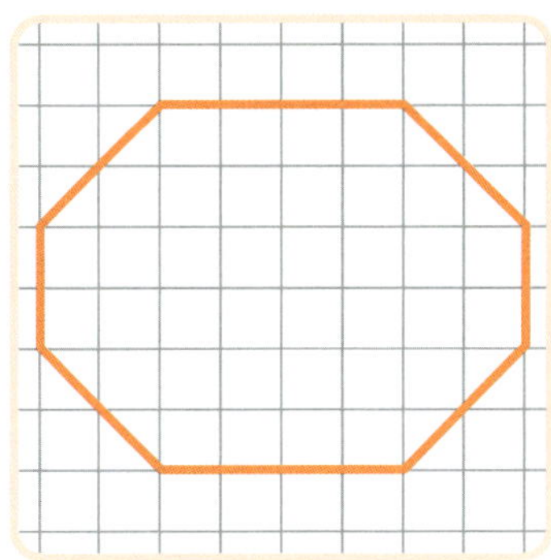

1 Ergänze jeweils das Spiegelbild.

a)
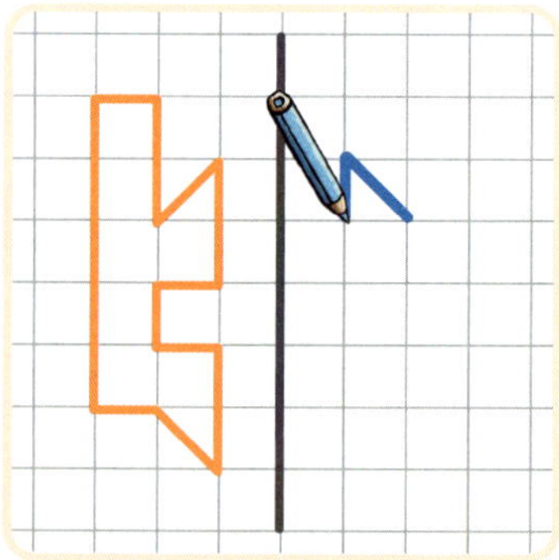
b)
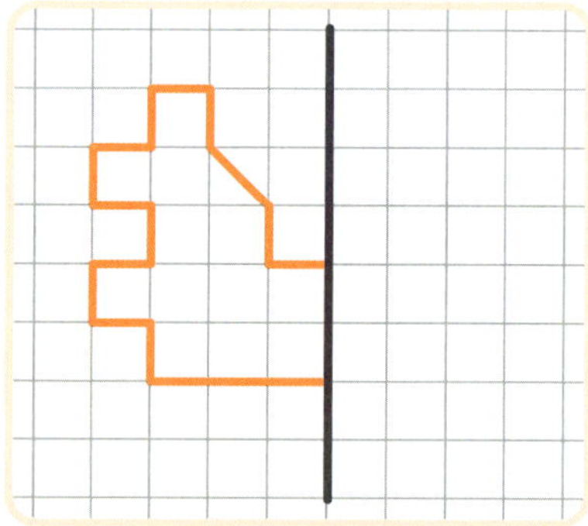
c)
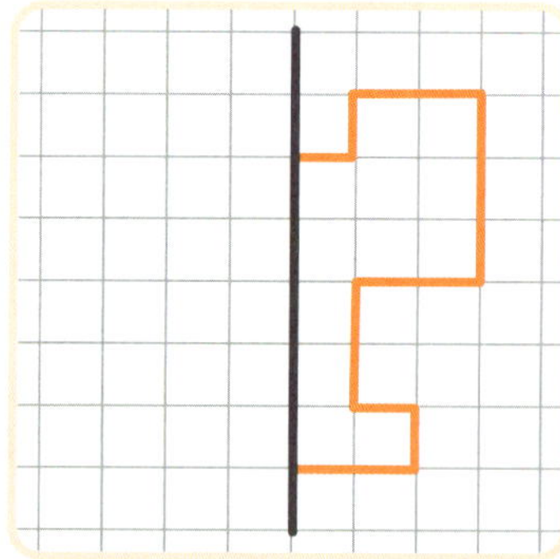
d)
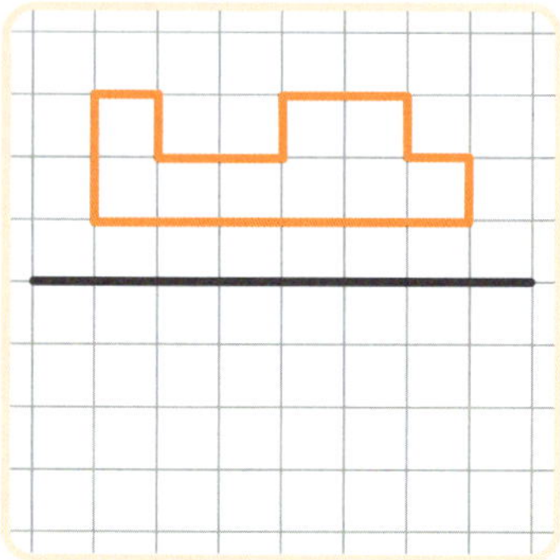
e)
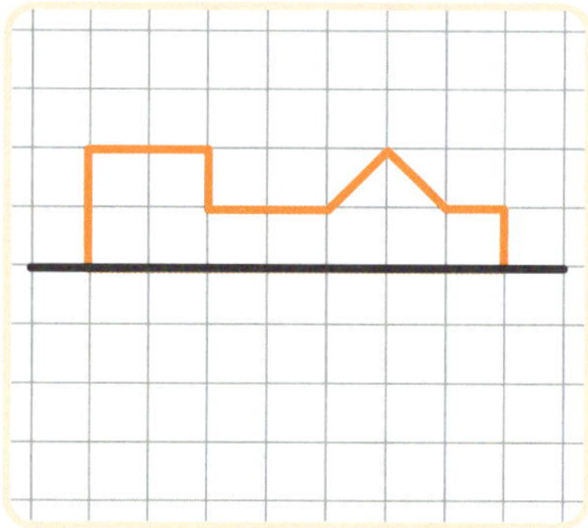
f)
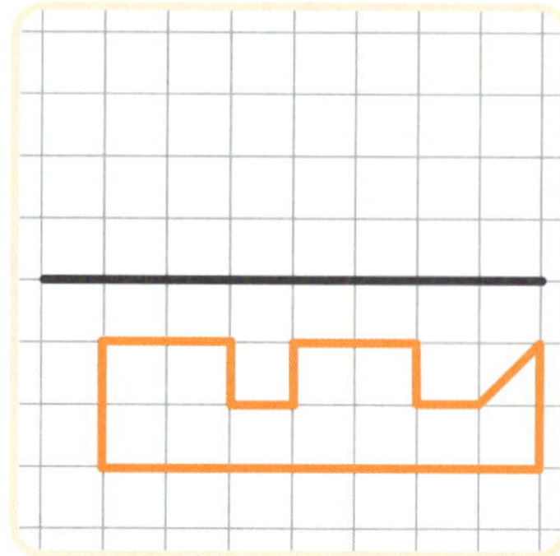
g)
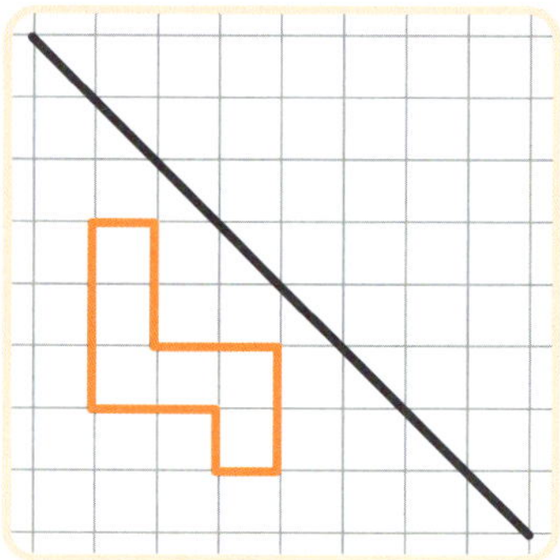
h)
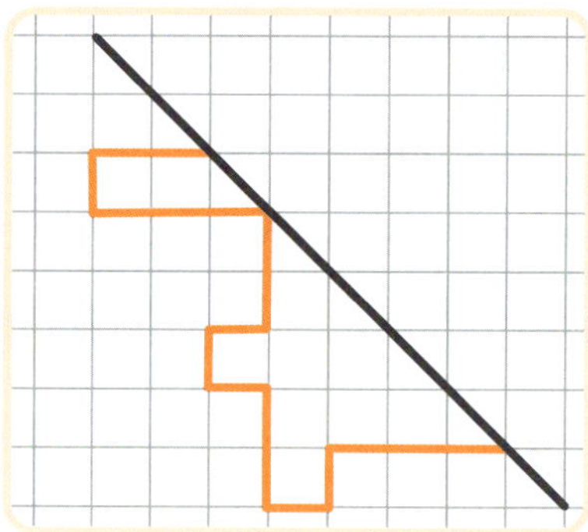
i)
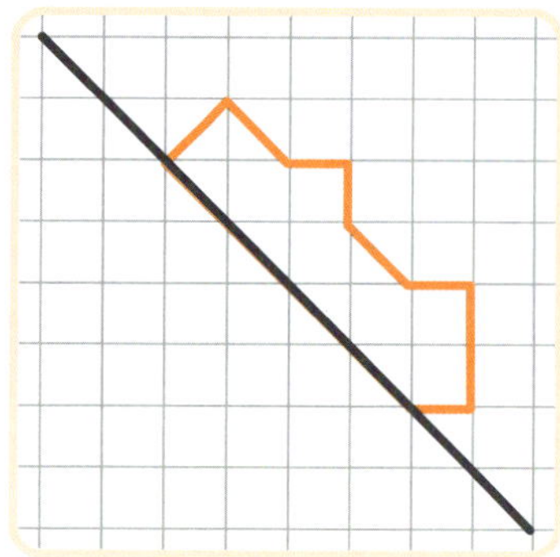

2 Spiegle die Figur erst nach rechts und dann die gesamte Figur nach unten oder nach oben.

a)
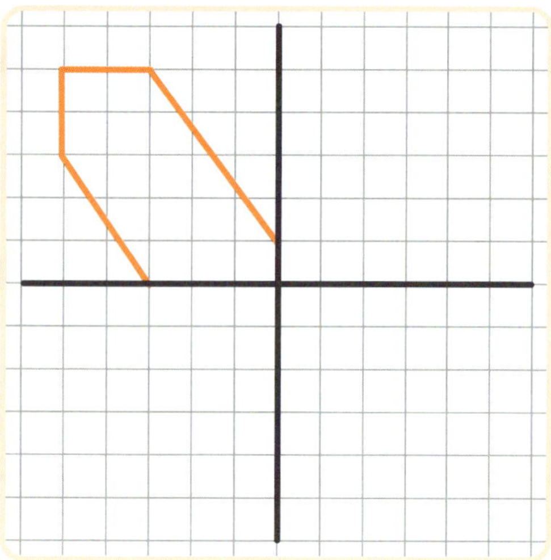
b)
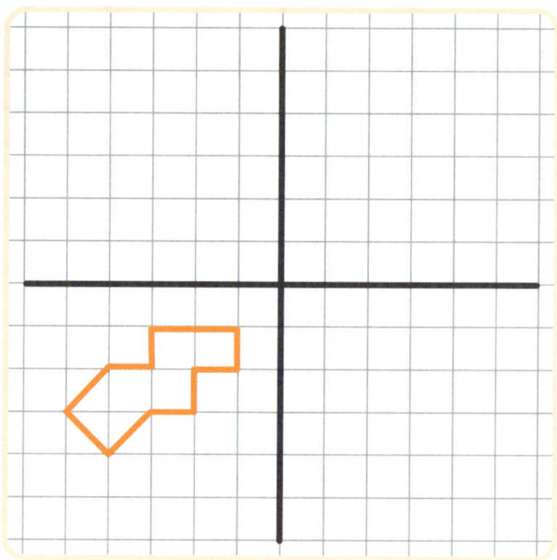

1 Löse die verwandten Aufgaben.

a)	b)	c)
60 + 80 = ___	80 + 70 = ___	90 + 50 = ___
360 + 80 = ___	480 + 70 = ___	790 + 50 = ___
365 + 80 = ___	486 + 70 = ___	798 + 50 = ___

2 Finde und löse zuerst die kleinen Aufgaben.

a)	b)	c)
60 + 70 = 130	___ + ___ = ___	___ + ___ = ___
760 + 70 = 830	___ + ___ = ___	___ + ___ = ___
763 + 70 = ___	586 + 50 = ___	374 + 80 = ___

3 Löse die Aufgaben in Schritten. Schreibe deine Rechenschritte auf.

a)	b)	c)
487 + 52 = ___	372 + 64 = ___	265 + 83 = ___
487 + ___ = ___	___ + ___ = ___	___ + ___ = ___
___ + ___ = ___	___ + ___ = ___	___ + ___ = ___

d)	e)	f)
273 + 68 = ___	468 + 75 = ___	798 + 47 = ___
___ + ___ = ___	___ + ___ = ___	___ + ___ = ___
___ + ___ = ___	___ + ___ = ___	___ + ___ = ___

4 Löse die Aufgaben und setze die Aufgabenreihe fort.

a)	b)	c)
285 + 30 = ___	875 + 54 = ___	374 + 87 = ___
385 + 40 = ___	865 + 64 = ___	375 + 77 = ___
485 + 50 = ___	855 + 74 = ___	376 + 67 = ___
___ + ___ = ___	___ + ___ = ___	___ + ___ = ___
___ + ___ = ___	___ + ___ = ___	___ + ___ = ___

5 Ergänze die Zahlenmauern.

a) Oben: ___ ; Unten: 487 | 50

b) Oben: ___ ; Unten: 563 | 70

c) Oben: ___ ; Unten: 236 | 82

1 Löse die Aufgaben. Stelle deine Rechenschritte am Rechenstrich dar.

a)

647 + 170 = ☐

b)

596 + 230 = ☐

2 Löse die Aufgaben. Schreibe deine Rechenschritte auf.

a) 376 + 260 = ☐
376 + ☐ = ☐
☐ + ☐ = ☐

b) 485 + 350 = ☐
485 + ☐ = ☐
☐ + ☐ = ☐

c) 597 + 230 = ☐
597 + ☐ = ☐
☐ + ☐ = ☐

3 Ergänze die Zahlenmauern. Rechne in zwei Schritten im Kopf.

a)

b)

c)

4 Löse die Zahlenrätsel. Schreibe deine Rechenschritte auf.

Die gesuchte Zahl ist ☐.

Die gesuchte Zahl ist ☐.

5 Schreibe selbst ein Zahlenrätsel.

1 Stelle deine Rechenschritte am Rechenstrich dar. Schreibe die Rechenschritte auf.

a) 425

425 + 263 = ___

___ + ___ = ___
___ + ___ = ___
___ + ___ = ___

b) 363

363 + 225 = ___

___ + ___ = ___
___ + ___ = ___
___ + ___ = ___

c) 254

254 + 376 = ___

___ + ___ = ___
___ + ___ = ___
___ + ___ = ___

d) 482

482 + 379 = ___

___ + ___ = ___
___ + ___ = ___
___ + ___ = ___

e) 547

547 + 378 = ___

___ + ___ = ___
___ + ___ = ___
___ + ___ = ___

1 Löse die verwandten Aufgaben.

a) 150 – 80 = ___
450 – 80 = ___
452 – 80 = ___

b) 130 – 50 = ___
530 – 50 = ___
536 – 50 = ___

c) 110 – 70 = ___
810 – 70 = ___
815 – 70 = ___

2 Finde und löse zuerst die kleinen Aufgaben.

a) 120 – 50 = 70
520 – 50 = 470
526 – 50 = ___

b) ___ – ___ = ___
___ – ___ = ___
836 – 80 = ___

c) ___ – ___ = ___
___ – ___ = ___
441 – 90 = ___

3 Löse die Aufgaben in Schritten. Schreibe deine Rechenschritte auf.

a) 835 – 42 = ___
835 – ___ = ___
___ – ___ = ___

b) 716 – 54 = ___
___ – ___ = ___
___ – ___ = ___

c) 536 – 65 = ___
___ – ___ = ___
___ – ___ = ___

d) 652 – 75 = ___
___ – ___ = ___
___ – ___ = ___

e) 941 – 84 = ___
___ – ___ = ___
___ – ___ = ___

f) 324 – 58 = ___
___ – ___ = ___
___ – ___ = ___

4 Löse die Aufgaben und setze die Aufgabenreihe fort.

a) 276 – 40 = ___
376 – 50 = ___
476 – 60 = ___
___ – ___ = ___
___ – ___ = ___

b) 928 – 15 = ___
838 – 25 = ___
748 – 35 = ___
___ – ___ = ___
___ – ___ = ___

c) 512 – 85 = ___
522 – 75 = ___
532 – 65 = ___
___ – ___ = ___
___ – ___ = ___

5 Ergänze die Zahlenmauern.

a) 

b) 

c) 

1 Löse die Aufgaben. Stelle deine Rechenschritte am Rechenstrich dar.

a)

728 – 350 = ☐

b)

847 – 580 = ☐

2 Löse die Aufgaben. Schreibe deine Rechenschritte auf.

568 – 370 = ☐	963 – 480 = ☐	423 – 270 = ☐
568 – ☐ = ☐	963 – ☐ = ☐	423 – ☐ = ☐
☐ – ☐ = ☐	☐ – ☐ = ☐	☐ – ☐ = ☐

3 Ergänze die Zahlenmauern. Rechne in zwei Schritten im Kopf.

a)

b)

c)

4 Löse die Zahlenrätsel. Schreibe deine Rechenschritte auf.

Meine Zahl erhältst du, wenn du von 537 zuerst 300 und dann 60 subtrahierst.

Die gesuchte Zahl ist ☐.

Du erhältst meine Zahl, wenn du von 748 erst 500 und dann 80 subtrahierst.

Die gesuchte Zahl ist ☐.

5 Schreibe selbst ein Zahlenrätsel für ein anderes Kind.

1 Stelle deine Rechenschritte am Rechenstrich dar. Schreibe die Rechenschritte auf.

a)

568

568 – 325 = ☐

☐ – ☐ = ☐
☐ – ☐ = ☐
☐ – ☐ = ☐

b)

798

798 – 353 = ☐

☐ – ☐ = ☐
☐ – ☐ = ☐
☐ – ☐ = ☐

c)

682

682 – 245 = ☐

☐ – ☐ = ☐
☐ – ☐ = ☐
☐ – ☐ = ☐

d)

832

832 – 456 = ☐

☐ – ☐ = ☐
☐ – ☐ = ☐
☐ – ☐ = ☐

e)

443

443 – 386 = ☐

☐ – ☐ = ☐
☐ – ☐ = ☐
☐ – ☐ = ☐

1 Überprüfe jedes Ergebnis mit der Umkehraufgabe.
Kennzeichne richtige Ergebnisse. Korrigiere die drei falschen Ergebnisse.

a) 428 + 280 = 608 ______
b) 673 – 423 = 250 ______
c) 312 + 638 = 950 ______
d) 830 – 535 = 395 ______
e) 123 + 567 = 690 ______
f) 642 – 162 = 580 ______

2 Löse die Aufgaben. Rechne mit deinen Rechenschritten im Kopf.

a) 220 + ☐ = 650
560 + ☐ = 880
390 + ☐ = 906

b) 750 – ☐ = 440
830 – ☐ = 70
543 – ☐ = 290

c) 298 + ☐ = 630
587 + ☐ = 820
730 – ☐ = 375

3 Rechne mit deinem Rechenweg.

a) Rechne die Plusaufgaben geschickt.

357 + 99 = ☐
357 + 100 = ☐
☐ ◯ ☐ = ☐

248 + 398 = ☐
☐ ◯ ☐ = ☐
☐ ◯ ☐ = ☐

527 + 59 = ☐
☐ ◯ ☐ = ☐
☐ ◯ ☐ = ☐

b) Rechne die Minusaufgaben geschickt.

624 – 198 = ☐
624 – 200 = ☐
☐ ◯ ☐ = ☐

876 – 497 = ☐
☐ ◯ ☐ = ☐
☐ ◯ ☐ = ☐

454 – 39 = ☐
☐ ◯ ☐ = ☐
☐ ◯ ☐ = ☐

4 Umrande die passenden Kärtchen mit der gleichen Farbe.
Löse die Aufgaben.

Subtrahiere 230 von 690.

Addiere 230 und 690.

Wenn du zu deiner Zahl 230 addierst, erhältst du 690.

Wenn du von deiner Zahl 230 subtrahierst, erhältst du 690.

230 + 690 = ☐

☐ – 230 = 690

690 – 230 = ☐

☐ + 230 = 690

1 Löse die Aufgaben. Kontrolliere selbst mit den Lösungszahlen in den Sternen.

a)

	H	Z	E
	4	2	3
+	2	6	5
			8

b)

	H	Z	E
	3	3	4
+	4	5	2

c)

	H	Z	E
	7	4	4
+		5	3

d)

	H	Z	E
	2	3	8
+	5	4	0

e)

	H	Z	E
	2	5	1
+	5	3	3
+	1	0	2

f)

	H	Z	E
	5	0	1
+	2	8	3
+		1	5

g)

	H	Z	E
	4	2	0
+	3	5	4
+	1	1	3

h)

	H	Z	E
	4	3	2
+		3	5
+	5	3	2

688 778 786 797 799 886 887 999

2 Übertrage die Aufgaben in die Stellentafeln und löse sie. Kontrolliere selbst.

a) 413 + 274

	H	Z	E
	4	1	3
+	2	7	4

b) 734 + 255

	H	Z	E
+			

c) 74 + 925

	H	Z	E
+			

d) 333 + 412 + 34

	H	Z	E
+			
+			

e) 413 + 156 + 320

	H	Z	E
+			
+			

f) 232 + 63 + 404

	H	Z	E
+			
+			

687 699 779 889 989 999

3 Trage passende Zahlen ein.

a)

	H	Z	E
+			
	5	7	9

b)

	H	Z	E
+			
	8	8	8

c)

	H	Z	E
+			
	7	0	7

d)

	H	Z	E
+			
	9	3	6

1 Löse die Aufgaben. Denke an die Übertragszahlen. Kontrolliere selbst.

a)

	H	Z	E
	4	3	2
+	3	5	9
			1

b)

	H	Z	E
	5	6	8
+	3	2	7

c)

	H	Z	E
	4	3	6
+	2	5	4

d)

	H	Z	E
	3	0	7
+	5	6	5

e)

	H	Z	E
	5	6	4
+	3	8	1

f)

	H	Z	E
	5	2	7
+	2	9	2

g)

	H	Z	E
	2	4	3
+	5	9	2

h)

	H	Z	E
	4	7	0
+	4	4	4

690 791 819 835 872 895 914 945

2 Übertrage die Aufgaben in die Stellentafeln und löse sie. Kontrolliere selbst.

a) 472 + 275

	H	Z	E
	4	7	2
+			

b) 29 + 631

	H	Z	E
+			

c) 309 + 565

	H	Z	E
+			

d) 385 + 232 + 321

	H	Z	E
+			

e) 223 + 309 + 132

	H	Z	E
+			

f) 292 + 61 + 424

	H	Z	E
+			

660 664 747 777 874 938

3 Setze die fehlenden Ziffern ein.

a)

	H	Z	E
	6		4
+		7	3
	1		
	9	2	

b)

	H	Z	E
	6		7
+	2	3	
		1	
		6	5

c)

	H	Z	E
		8	7
+	4	7	
	9		9

d)

	H	Z	E
	2	3	
+	6		7
		1	
		6	1

1 Übertrage die Aufgaben in die Stellentafeln und löse sie. Kontrolliere selbst.

a) 268 + 375

	H	Z	E
	2	6	8
+			

b) 58 + 376

	H	Z	E
+			

c) 468 + 274

	H	Z	E
+			

d) 478 + 275 + 132

	H	Z	E
+			
+			

e) 365 + 9 + 282

	H	Z	E
+			
+			

f) 187 + 513 + 51

	H	Z	E
+			
+			

434 643 656 742 751 885

2 Schreibe die Zahlen richtig untereinander. Berechne das Ergebnis.
Denke an die Übertragszahlen. Kontrolliere selbst.

a) 268 + 57

b) 475 + 348

c) 893 + 48

d) 273 + 67 + 359

e) 19 + 252 + 35

f) 473 + 54 + 263

306 325 699 790 823 941

3 Trage passende Zahlen so ein, dass du folgende Überträge und Ergebnisse erhältst.

a)

+			
	1	1	
	5	2	1

b)

+			
	1	1	
	6	1	7

c)

+			
	1	1	
	5	0	0

d)

+			
	1	1	
	4	3	5

1 Lies beide Uhrzeiten ab. Schreibe sie auf.

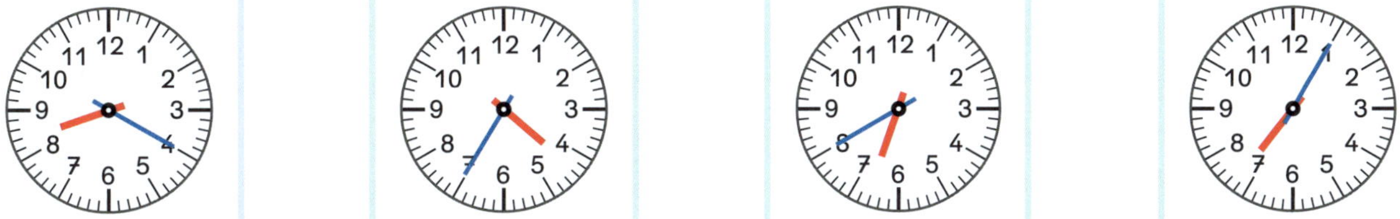

8:20 Uhr

20:20 Uhr

2 Schreibe die zur Tageszeit passende Uhrzeit auf.

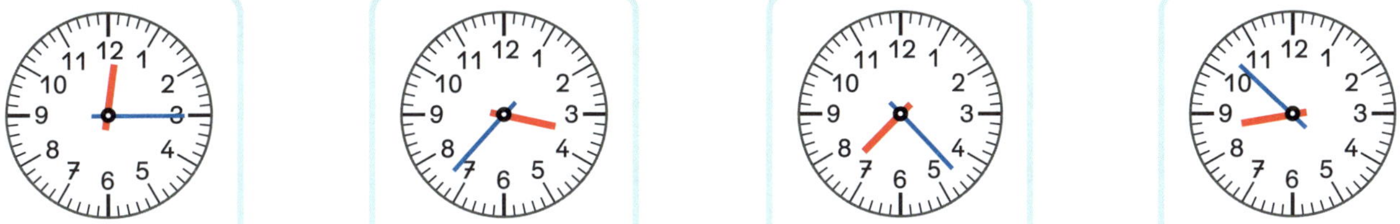

Mittag	Nachmittag	Morgen	Abend

3 Zeichne die Stunden- und Minutenzeiger ein.

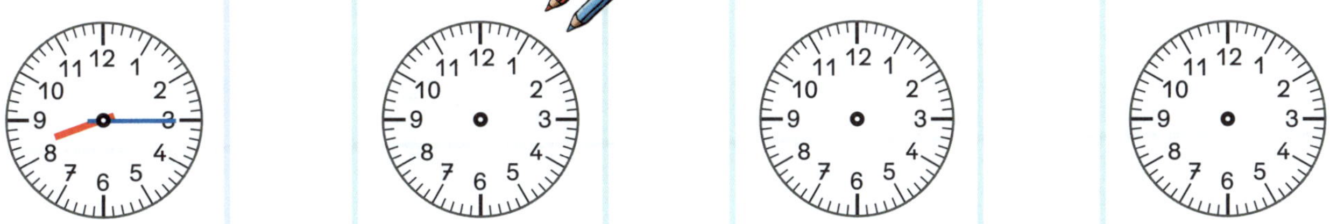

8:15 Uhr	17:32 Uhr	9:48 Uhr	23:20 Uhr

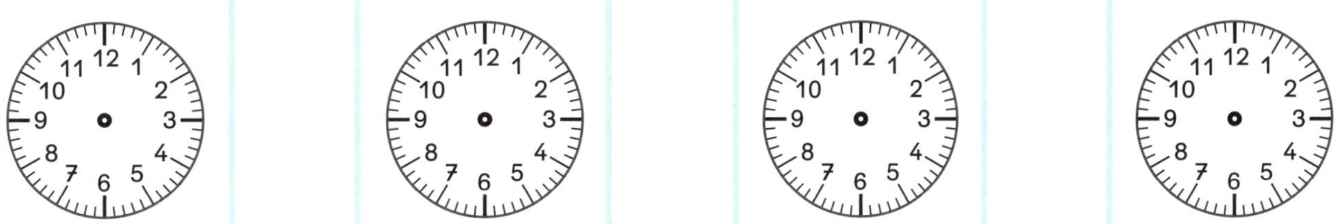

14 nach 6	drei viertel 3	halb 12	10 vor 4

1 Gib beide Uhrzeiten sekundengenau an.

a) 

7:10 Uhr und 25 s

19:10 Uhr und 25 s

b) 

c) 

d) 

e) 

f) 

2 Lies die Digitalanzeige ab und notiere die Uhrzeit.

a) 09:38 15

b) 16:55 41

c) 19:21 05

3 Zeichne den Stunden-, Minuten- und Sekundenzeiger ein.

a) 

8:25 Uhr und 50 s

b) 

10:27 Uhr und 42 s

c) 

13:34 Uhr und 55 s

d) 

21:12 35

e) 

7:05 27

f) 

11:43 19

1 Lies ab, wie viele Stunden (h) oder Minuten (min) vergangen sind.

a) 

4:15 Uhr —2 h→ ______

b) 

______ —______→ ______

c) 

______ —______→ ______

d) 

______ —______→ ______

2 Bestimme die Uhrzeit. Trage die richtige Zeigerstellung ein.

a) 

15:20 Uhr —3 h→ 18:20 Uhr

b) 

______ ←4 h— ______

c) 

______ —40 min→ ______

d) 

______ ←30 min— ______

3 Berechne die Uhrzeit.

a) 5:20 Uhr —3 h→ ______

b) ______ ←30 min— 9:53 Uhr

c) 16:10 Uhr —2 h 30 min→ ______

d) ______ ←3 h 25 min— 18:55 Uhr

1 Ergänze die Pfeilbilder und berechne, wie viel Zeit vergangen ist.

a)

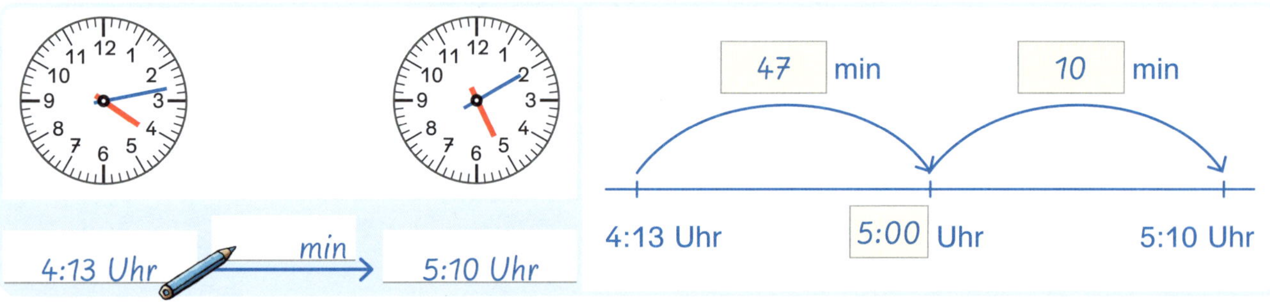

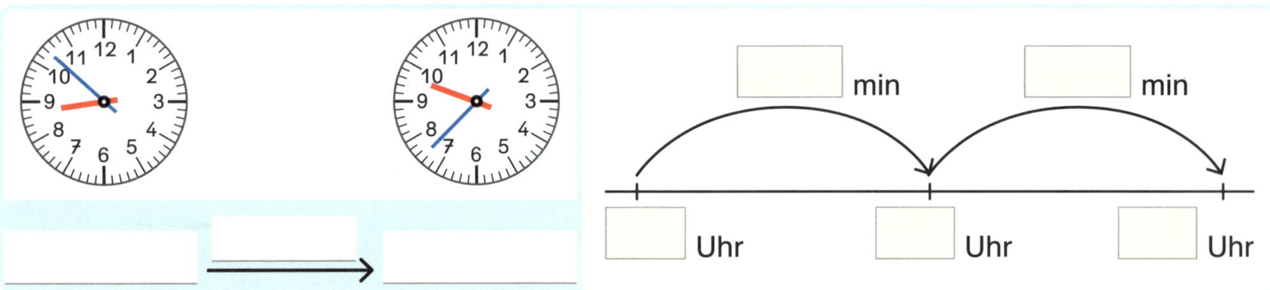

b)

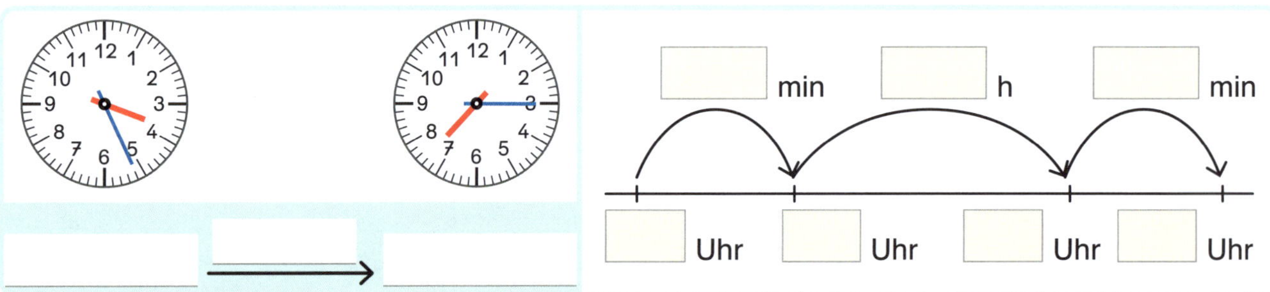

2 Berechne in Schritten, wie viel Zeit vergangen ist.

a) ___ h ___ min

7:50 Uhr ⟶ 12:20 Uhr

b) ___ h ___ min

9:32 Uhr ⟶ 14:18 Uhr

1 Bestimme jeweils die Zeitdauer. Zeichne ein Pfeilbild.
Schreibe die berechnete Zeitdauer auch in Wochen und Tagen auf.

a) **18.3. bis 12.5.**

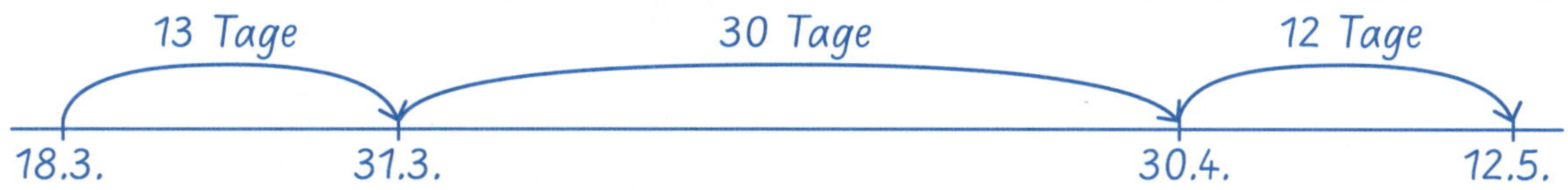

55 Tage, das sind 7 Wochen und 6 Tage.

b) **22.4. bis 18.6.**

22.4. 18.6.

c) **23.7. bis 8.9.**

23.7. 8.9.

d) **von heute bis Heiligabend**

24.12.

e) **von heute bis zu deinem Geburtstag**

1 Rechne.
Male im Bild unten die Felder mit den Ergebniszahlen aus.

a)

	3	1	8
+	1	2	8
		1	
	4	4	6

218 + 178 = ____

396 + 163 = ____

289 + 313 = ____

188 + 162 = ____

b)

626 + 238 = ____

309 + 129 = ____

486 + 242 = ____

189 + 153 = ____

196 + 292 = ____

c)

297 + 272 = ____

236 + 232 = ____

149 + 259 = ____

232 + 187 = ____

189 + 167 = ____

d)

354 + 182 + 383 = ____

455 + 494 + 51 = ____

279 + 269 + 304 = ____

349 + 179 + 172 = ____

393 + 187 + 130 = ____

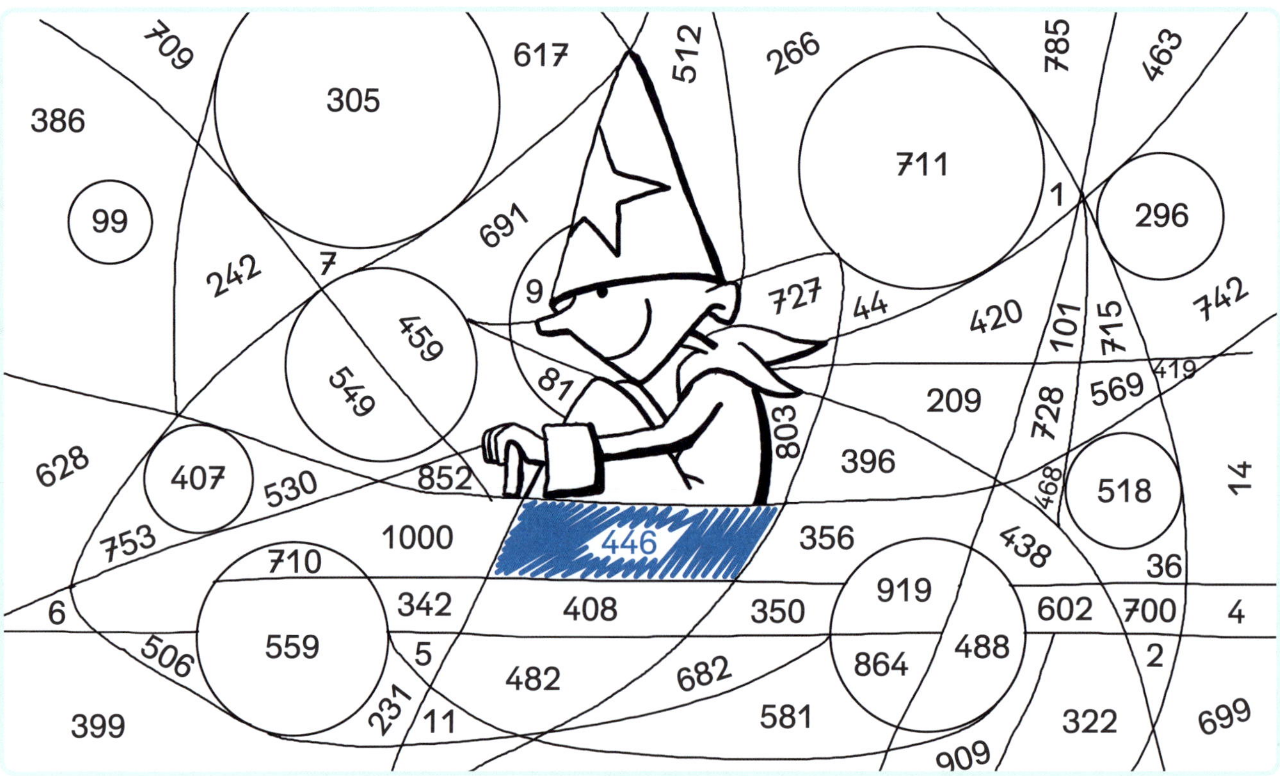

1 Trage die Ziffern 1, 2, 3, 4, 5, 6 in die gelben Kästchen ein.

a) Trage sie so ein, dass du vier unterschiedliche Additionsaufgaben erhältst.
Verwende bei jeder Aufgabe jede der Ziffern nur einmal. Rechne.

+	+	+	+

b) Trage die Ziffern so ein, dass du die Aufgabe mit dem größtmöglichen und dem kleinstmöglichen Ergebnis erhältst.
Verwende bei jeder Aufgabe jede der Ziffern nur einmal.

+	+

2 Finde für die Kästchen passende Ziffern und trage sie ein.
Beachte: Innerhalb einer Aufgabe soll eine Ziffer jeweils nur einmal benutzt werden.

a)	b)	c)	d)
+	+	+	+
1 0 0	1 0 0	1 0 0 0	1 0 0 0

e)	f)	g)	h)
+	+	+	+
+	+	+	+
1 0 0	2 0 0	9 9 9	1 0 0 0

3 Trage in die Kästchen passende Zahlen ein.
Beachte die vorgegebene Übertragungszahl.

a)	b)	c)	d)
+	+	+	+
+	+	+	+
2	1 1	2 2	1 2 1

1 Finde zuerst eine passende Überschlagsrechnung. Runde dazu die Zahlen auf Zehner. Löse dann die Aufgaben und überprüfe, ob dein Ergebnis stimmen kann.

a) Ü: 390 + 250 = 640

	3	8	6
+	2	4	7

b) Ü: ______

	1	6	2
+	3	8	9

c) Ü: ______

	7	8	9
+		4	6

d) Ü: ______

		7	8
+	5	6	4

e) Ü: ______

	4	7	6
+	2	5	8

f) Ü: ______

	3	6	5
+	2	7	6

g) Ü: ______

	5	0	4
+	2	8	2

h) Ü: ______

		9	8
+	6	0	4

i) Ü: ______

	8	4	7
+		6	8

2 Überprüfe die Rechnungen mithilfe der Überschlagsrechnung. Korrigiere falsche Ergebnisse.

a) Ü: 250 + 490 = 740

	2	4	8
+	4	8	7
		1	
	~~6~~	3	5
	7		

b) Ü: ______

	4	3	7
+	3	8	5
	1		
	8	1	2

c) Ü: ______

	7	8	8
+		3	7
	1	1	
	8	2	5

d) Ü: ______

	2	2	1
+	3	8	2
	1		
	6	0	3

e) Ü: ______

	4	5	8
+	1	6	8
		1	
	5	2	6

f) Ü: ______

	3	7	4
+	1	6	5
	1	1	
	5	8	9

1 Zeichne mit dem Lineal.

a) Zeichne drei verschiedene Quadrate.

b) Zeichne vier verschiedene Rechtecke.

c) Zeichne vier verschiedene Dreiecke.

2 Setze die Begriffe passend ein.

~~Quadrate~~ · Ecken · Seiten · ~~Rechtecke~~

Vierecke · Quadrat · Kreis

Rechteck · Dreieck · Seiten · Ecken

Quadrate und ________ sind besondere ________ .
Das ________ hat vier gleich lange ________ und
vier ________ . Beim ________ sind die gegenüberliegenden Seiten
gleich lang. Das ________ hat drei ________ und drei
________ . Der ________ hat keine Ecken.

1 Setze die Bandornamente fort. Gestalte sie farbig.

a)

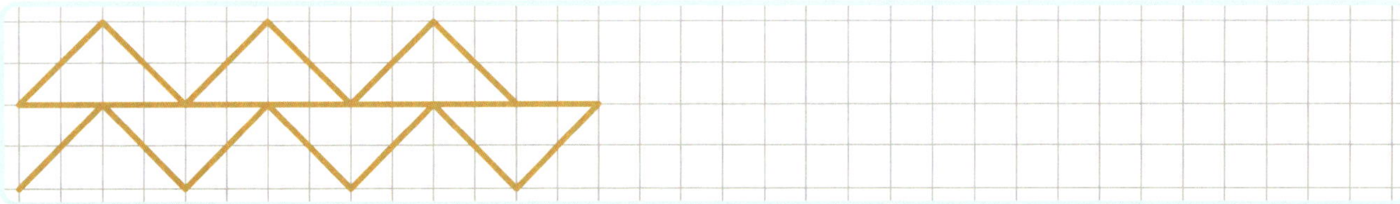

b)

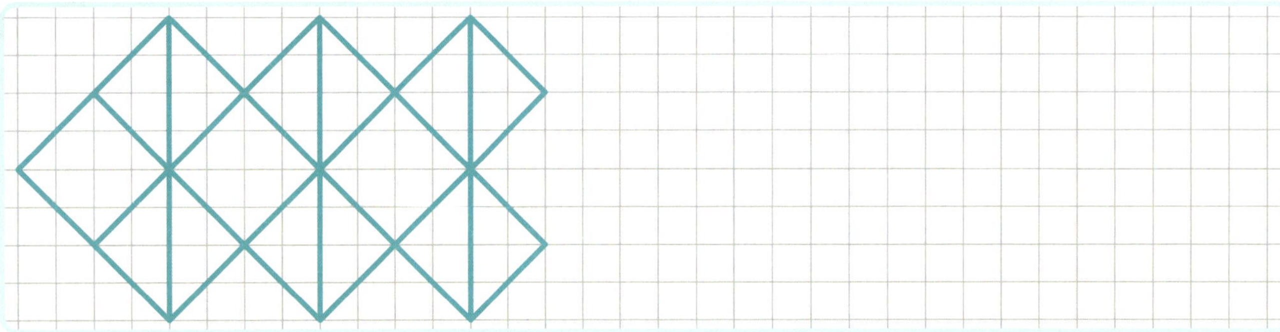

2 Setze die Parkette nach allen Seiten fort.

a)

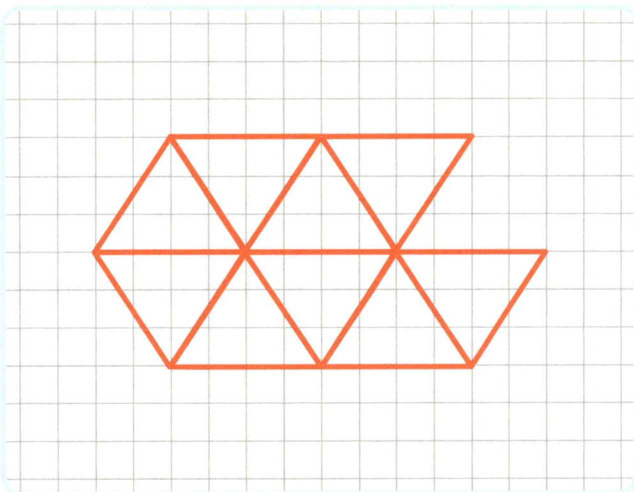

b)

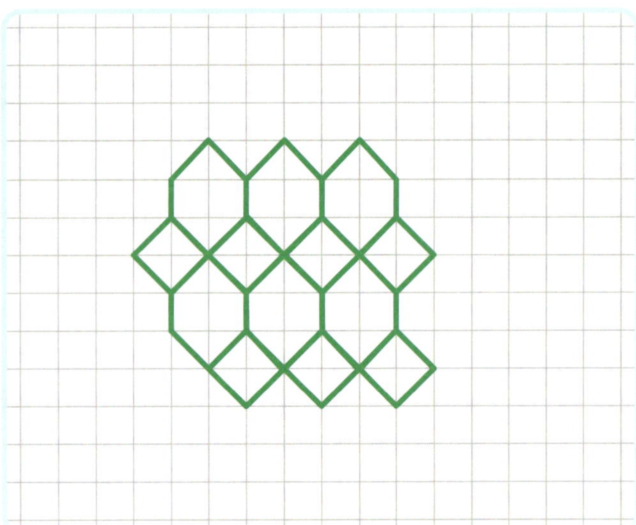

Schriftliches Subtrahieren üben

Abziehen

1 Löse die Aufgaben. Kontrolliere selbst mit den Lösungszahlen in den Sternen.

a)

	H	Z	E
	6	7	4
–	3	2	1

b)

	H	Z	E
	8	9	5
–	3	4	2

c)

	H	Z	E
	7	8	9
–	5	4	1

d)

	H	Z	E
	5	6	7
–	3	2	6

e)

	H	Z	E
	9	6	7
–	4	5	2

f)

	H	Z	E
	8	9	3
–	5	2	1

g)

	H	Z	E
	7	6	5
–	3	4	2

h)

	H	Z	E
	6	7	8
–	3	5	2

241 248 326 353 372 423 515 553

2 Schreibe die Zahlen richtig untereinander. Berechne das Ergebnis. Kontrolliere selbst.

a) 865 – 342

	8	6	5
–			

b) 738 – 24

c) 956 – 423

d) 695 – 232

463 523 533 714

3 Setze die fehlenden Ziffern ein.

a)

	H	Z	E
	9		7
–		2	3
	6	5	

b)

	H	Z	E
	8		4
–	4	6	
		3	2

c)

	H	Z	E
	7	8	
–	1		2
		3	4

d)

	H	Z	E
		9	6
–	2	4	
	5		1

4 Trage passende Zahlen ein.

a)

	H	Z	E
–			
	1	2	3

b)

	H	Z	E
–			
	4	5	6

c)

	H	Z	E
–			
	2	2	2

d)

	H	Z	E
–			
	5	0	5

1 Löse die Aufgaben. Sprich zu den einzelnen Rechenschritten. Kontrolliere selbst.

a)

H	Z	E
	5	12
4	~~6~~	~~2~~
− 2	3	7
2	2	5

b)

H	Z	E
4	5	2
− 3	2	6

c)

H	Z	E
8	7	3
−	4	8

d)

H	Z	E
7	9	4
− 3	7	8

126 ~~225~~ 416 825

2 Löse die Aufgaben und sprich dazu. Kontrolliere selbst.

a) 674 − 239

b) 571 − 308

c) 781 − 359

d) 864 − 548

263 316 422 435

3 Schreibe die Zahlen richtig untereinander. Berechne das Ergebnis. Kontrolliere selbst.

a) 617 − 384

5	11	
~~6~~	~~1~~	7
− 3	8	4
2	3	3

b) 739 − 287

c) 936 − 84

d) 838 − 590

e) 537 − 86

f) 349 − 282

g) 617 − 350

h) 473 − 192

67 ~~233~~ 248 267 451 452 281 852

13 Abziehen

1 Löse die Aufgaben und sprich dazu.

a) 3 14 4 12
4 5 2
− 2 8 8
1 6 4

b) 735 − 396

c) 653 − 274

d) 563 − 387

e) 924 − 458

f) 613 − 278

g) 445 − 86

h) 861 − 392

i) 706 − 47

j) 152 − 63

89 · ~~164~~ · 176 · 335 · 339 · 359 · 379 · 466 · 469 · 659

2 Schreibe die Zahlen richtig untereinander. Berechne das Ergebnis. Kontrolliere selbst.

a) 834 − 546

b) 641 − 365

c) 724 − 58

d) 254 − 66

e) 845 − 458

f) 555 − 287

g) 721 − 688

h) 834 − 96

33 · 188 · 268 · 276 · 288 · 387 · 666 · 738

1 Löse die Aufgaben. Kontrolliere selbst mit den Lösungszahlen in den Sternen.

a)

	H	Z	E
	5	6	7
–	3	5	4
	2	1	3

b)

	H	Z	E
	3	4	9
–	1	2	5

c)

	H	Z	E
	9	6	7
–	6	4	2

d)

	H	Z	E
	8	8	4
–	5	4	2

e)

	H	Z	E
	2	7	6
–	1	5	5

f)

	H	Z	E
	4	5	9
–	3	0	7

g)

	H	Z	E
	5	8	8
–	2	3	4

h)

	H	Z	E
	4	5	9
–	2	5	9

121 152 200 ~~213~~ 224 325 342 354

2 Schreibe die Zahlen richtig untereinander. Berechne das Ergebnis. Kontrolliere selbst.

a) 486 – 232

	H	Z	E
	4	8	6
–			

b) 697 – 47

c) 588 – 308

d) 697 – 74

254 280 623 650

3 Setze die fehlenden Ziffern ein.

a)

	H	Z	E
	8		6
–		1	2
	3	7	

b)

	H	Z	E
	7		4
–	3	2	
		6	1

c)

	H	Z	E
	6	7	
–	4		3
		5	2

d)

	H	Z	E
		6	3
–	7	2	
	1		0

4 Trage passende Zahlen ein.

a)

	H	Z	E
–			
	2	2	2

b)

	H	Z	E
–			
	4	3	2

c)

	H	Z	E
–			
	7	8	9

d)

	H	Z	E
–			
	8	0	6

19 Ergänzen

1 Löse die Aufgaben. Sprich zu den einzelnen Rechenschritten. Kontrolliere selbst.

a)

	H	Z	E
			10
	4	5	3
–	2	3	8
		1	
	2	1	5

b)

	H	Z	E
	6	8	2
–	3	0	8

c)

	H	Z	E
	7	6	4
–	3	2	7

d)

	H	Z	E
	3	9	2
–		3	5

~~215~~ 357 374 437

2 Löse die Aufgaben und sprich dazu. Kontrolliere selbst.

a) 584 – 269

b) 871 – 654

c) 981 – 67

d) 693 – 435

217 258 315 914

3 Schreibe die Zahlen richtig untereinander. Berechne das Ergebnis. Kontrolliere selbst.

a) 358 – 174

		10	
	3	5	8
–	1	7	4
	1		
	1	8	4

b) 639 – 270

c) 708 – 345

d) 516 – 83

e) 839 – 374

f) 347 – 65

g) 576 – 280

h) 548 – 53

~~184~~ 282 296 363 369 433 465 495

Ergänzen

1 Löse die Aufgaben und sprich dazu.

a)

	H	Z	E
		10	10
	9	4	3
−	3	5	8
	1	1	
	5	8	5

b) 836 − 469

Beachte den mehrfachen Stellenübergang.

c) 514 − 136

d) 348 − 179

e) 904 − 237

f) 523 − 337

g) 545 − 68

h) 807 − 54

i) 616 − 247

j) 251 − 64

169 186 187 367 369 378 477 ~~585~~ 667 753

2 Schreibe die Zahlen richtig untereinander. Berechne das Ergebnis. Kontrolliere selbst.

a) 635 − 278

b) 613 − 237

c) 853 − 267

d) 924 − 237

e) 805 − 376

f) 472 − 87

g) 578 − 389

h) 746 − 78

189 357 376 385 429 586 668 687

1 Male die Körper entsprechend der Farbe ihrer Namenskärtchen aus.

a) Quader | Würfel | Zylinder | Pyramide | Kegel

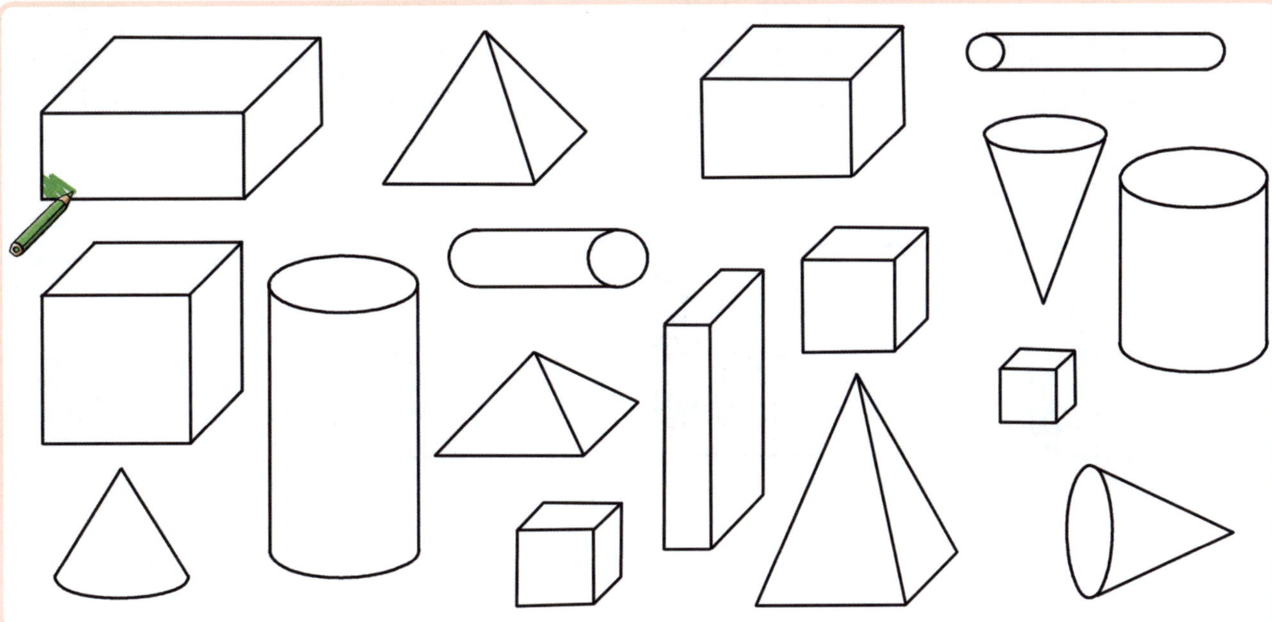

b)

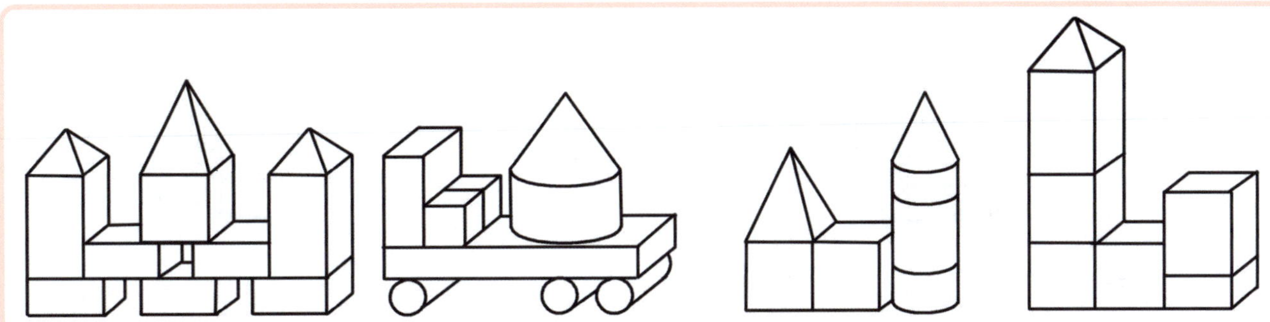

2 Umkreise in der gleichen Farbe, was zueinanderpasst.

Würfel | Quader | Kugel | Zylinder | Kegel | Pyramide

0 Kanten

8 Kanten

2 Kanten

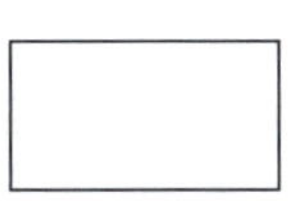

8 Ecken

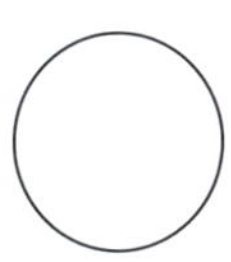

1 Ecke

12 Kanten

5 Ecken

1 Kante

0 Ecken

1 Bestimme die Anzahl der Einzelwürfel

a) 

b) 

c) 

d) 

e) 

f) 

g) 

h) 

2 Immer ein Bauplan passt zum Würfelbau. Kreise ein.

a) 

4	2	3
3	2	1
2	0	0

4	2	3
3	2	1
1	0	0

5	2	3
3	2	1
1	0	0

b) 

3	3	2
3	3	2
3	3	1

3	3	0
3	3	1
3	3	2

3	3	2
3	3	1
3	3	0

3 Verbinde die Ansichten passend.

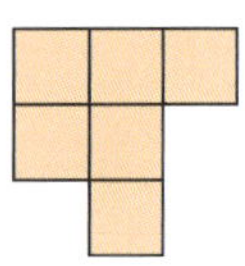

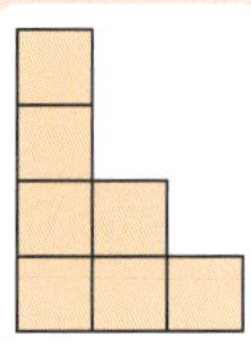

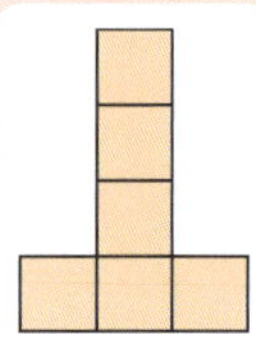

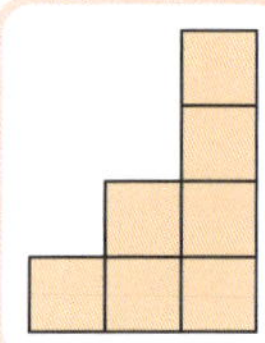

von oben | von rechts | von vorn | von hinten | von links

1 Der große Würfel ist aus 27 kleinen Würfeln zusammengesetzt.

a Male die kleinen Würfel so aus:

Würfel mit einer außen sichtbaren Seite gelb

Würfel mit zwei außen sichtbaren Seiten blau

Würfel mit drei außen sichtbaren Seiten rot

b Färbe diese Würfel-Bauwerke nach der gleichen Vorschrift wie in **a**.

Male außerdem die anderen kleinen Würfel so aus:

Würfel mit vier außen sichtbaren Seiten lila

Würfel mit fünf außen sichtbaren Seiten orange

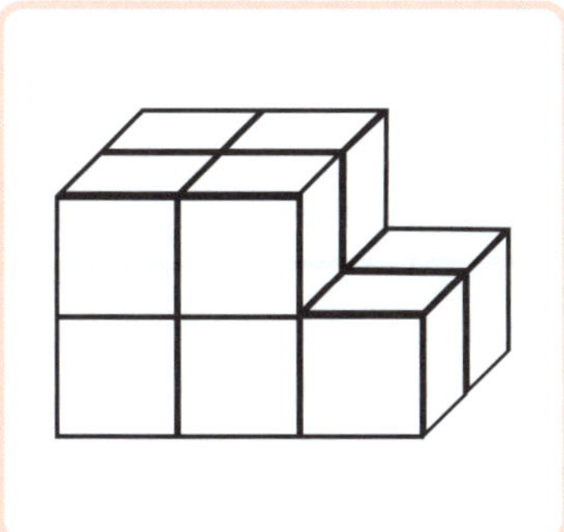

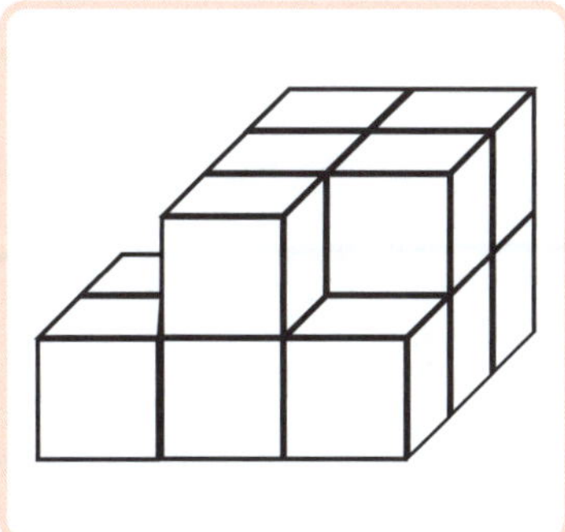

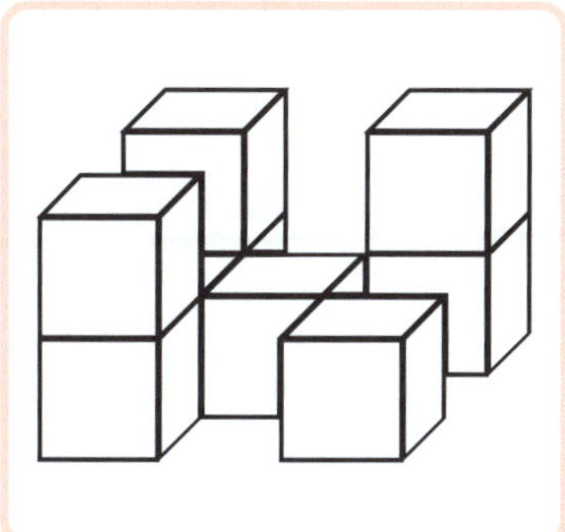

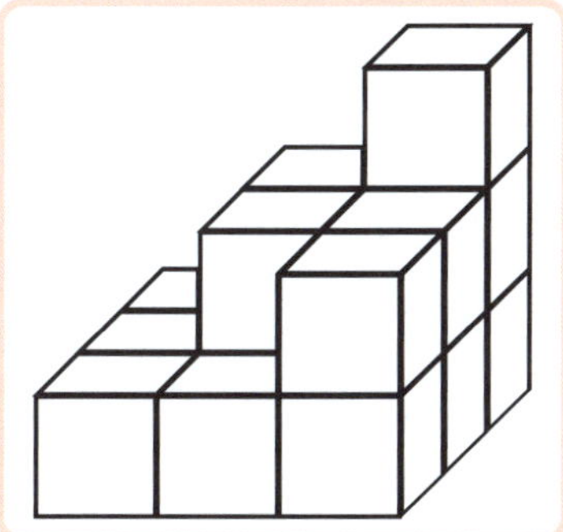

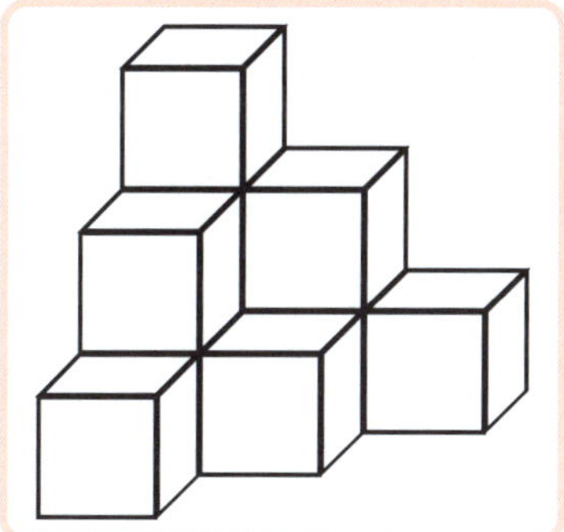

1 Ordne Netze und Körper passend zu.

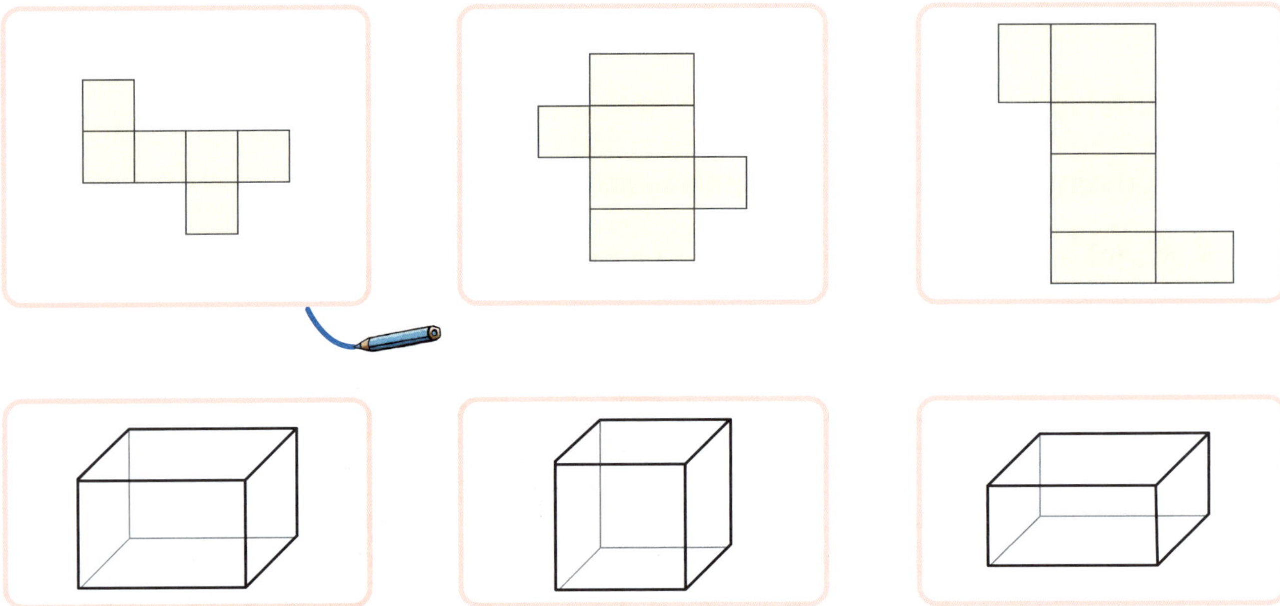

2 Kreuze die Netze an, aus denen ein Quader hergestellt werden kann.

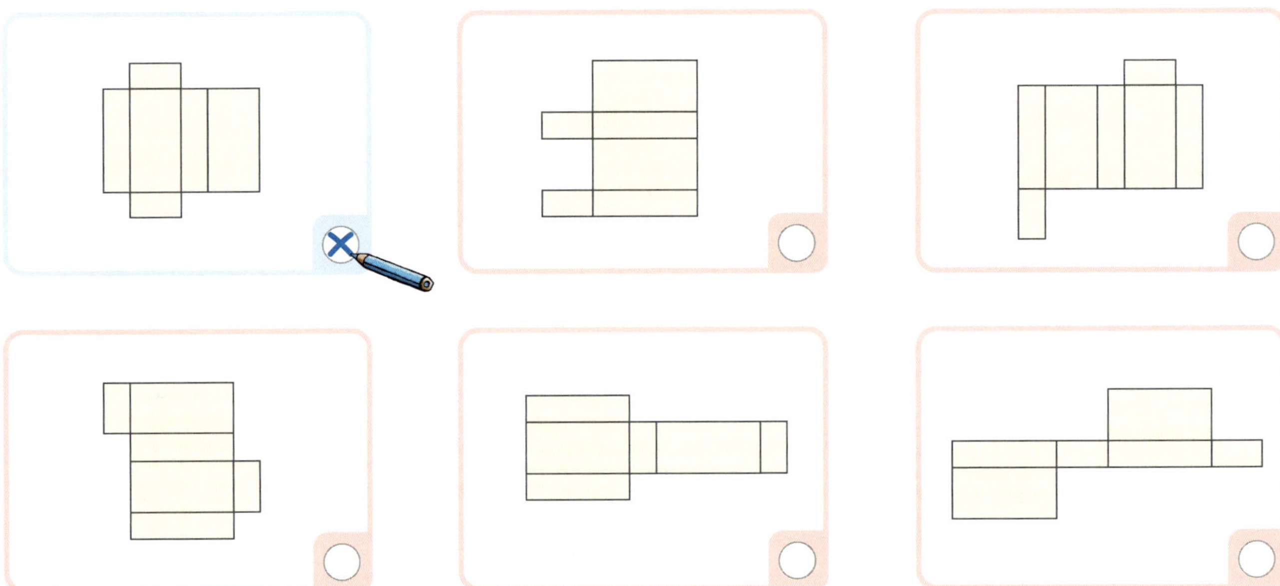

3 Ergänze die Zeichnungen so, dass Quadernetze entstehen.

a)

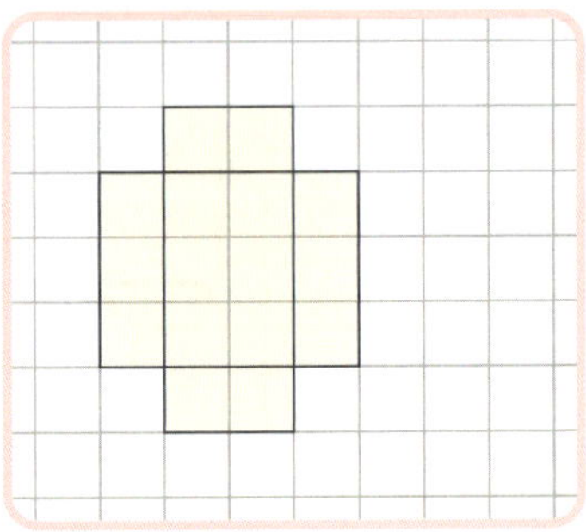

b)

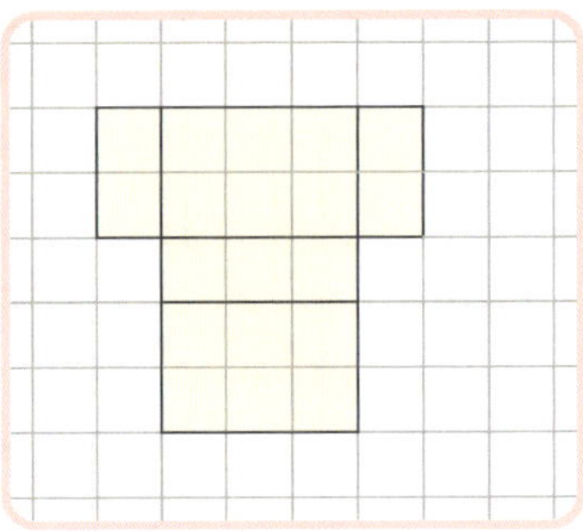

c)

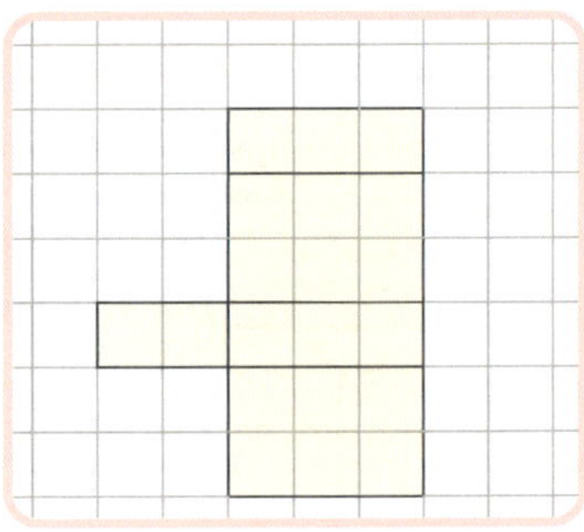

1 Löse die Aufgaben. Male die Felder mit den Ergebniszahlen aus.

a)

356 − 243 = 113	798 − 225	497 − 352	548 − 236	547 − 236

b)

876 − 359	746 − 529	536 − 218	972 − 618	433 − 215

c)

749 − 386	627 − 453	817 − 542	918 − 563	716 − 583

d)

624 − 458	825 − 657	731 − 485	902 − 576	521 − 378

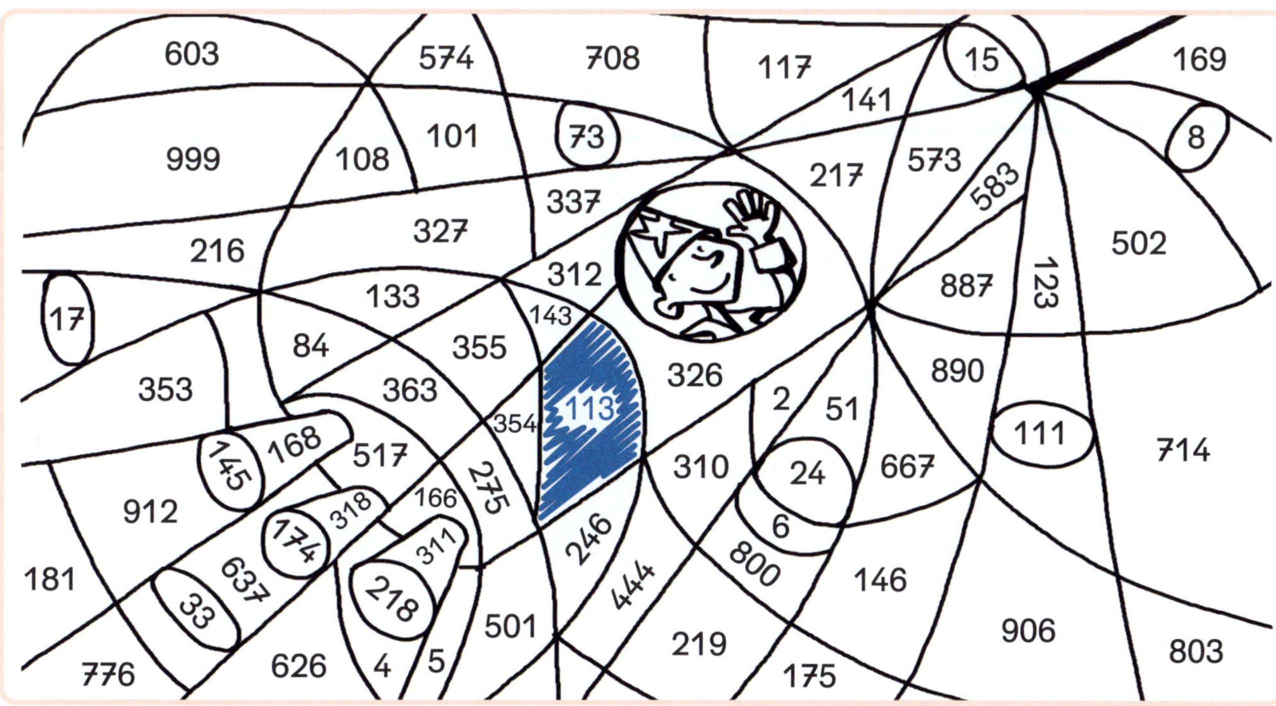

1 Löse die Aufgaben. Überprüfe deine Ergebnisse mit der Umkehraufgabe.

a) 784 − 358 +

b) 938 − 476 +

c) 573 − 247 +

d) 635 − 282 +

e) 629 − 467 +

f) 813 − 254 +

2 Löse die Aufgaben. Überprüfe dein Ergebnis mit der Überschlagsrechnung. Runde auf Zehnerzahlen.

a) 581 − 357

Ü: ____

b) 638 − 257

Ü: ____

c) 821 − 657

Ü: ____

d) 713 − 429

Ü: ____

e) 932 − 684

Ü: ____

f) 416 − 128

Ü: ____

3 Überprüfe die Rechnungen. Rechne dazu die Umkehraufgabe oder die Überschlagsrechnung im Kopf. Schreibe zu jeder Aufgabe auf, ob das Ergebnis richtig (✓) oder falsch (*f*) ist.

a) 781 − 299 = 582

b) 662 − 428 = 234

c) 832 − 228 = 614

1 Miss die Länge der Strecken mit dem Lineal und schreibe sie auf.

a) in mm

b) in cm und mm

2 Zeichne Strecken mit folgenden Längen.

a) 5 mm

b) 15 mm

c) 35 mm

d) 1 cm 7 mm

e) 3 cm 5 mm

f) 2 cm 5 mm

3 Immer zwei Kärtchen gehören zusammen. Verbinde.

2 cm 4 mm	42 mm	1 cm 5 mm	10 cm 5 mm
4 cm 2 mm	24 mm	105 mm	15 mm

4 Schreibe die Längenangaben der Größe nach geordnet auf.
Beginne mit der kleinsten Länge.

3 cm 8 mm | 7 cm 5 mm | 30 cm 8 mm | 37 mm | 57 mm

1 Wandle um. Ergänze die Tabellen.

a)

31 mm			95 mm	
3 cm 1 mm	8 cm 9 mm			
3,1 cm		0,7 cm		6,2 cm

b)

7,05 m			9,99 m	
	7 m 97 cm			
		47 cm		1000 cm

c)

8 cm			306 cm	
	0 m 47 cm			
		0,10 m		0,05 m

2 Ergänze auf volle Zentimeter, Meter oder Kilometer.

1 cm	
6 mm	*4 mm*
2 mm	
8 mm	
	0,5 cm
	0,9 cm

1 m	
89 cm	
	0,08 m
13 cm	
	0,5 m
3 dm	

1 km	
958 m	
	341 m
68 m	
	199 m
455 m	

3 Kreise die Angaben zu der gleichen Länge in der gleichen Farbe ein.

3 cm 2 mm
1000 m
0,58 m
0 km 174 m
75 cm
7,45 m
5,08 m
6,04 m
57 mm
1 km
0,75 m
96 mm
58 mm
32 mm
9 cm 6 mm
7 m 45 cm
174 m
5 cm 7 mm
6 m 4 cm
508 cm

1 Übe mit der Einmaleinstabelle.

a) Fülle die Tabelle vollständig aus.

•	4	6		8		5	7
7							
5			45				
9							
3							21
6							
4							
8					24		
10							

b) Wähle neun der Ergebniszahlen aus.
Schreibe immer zwei passende Geteiltaufgaben dazu.

21 : 3 = 7
21 : 7 = 3

___ : ___ = ___
___ : ___ = ___

___ : ___ = ___
___ : ___ = ___

___ : ___ = ___
___ : ___ = ___

___ : ___ = ___
___ : ___ = ___

___ : ___ = ___
___ : ___ = ___

___ : ___ = ___
___ : ___ = ___

___ : ___ = ___
___ : ___ = ___

___ : ___ = ___
___ : ___ = ___

c) Finde drei Zahlen, zu denen es mehr als zwei Geteiltaufgaben gibt.
Notiere die Zahl und die dazugehörigen Aufgaben.

___ : ___ = ___
___ : ___ = ___
___ : ___ = ___

___ : ___ = ___
___ : ___ = ___
___ : ___ = ___

___ : ___ = ___
___ : ___ = ___
___ : ___ = ___

d) Suche Zahlen, zu denen du nur eine Geteiltaufgabe findest.
Notiere die Zahlen und jeweils die Geteiltaufgabe dazu.

___ : ___ = ___

___ : ___ = ___

___ : ___ = ___

1 Beginne in jeder Zeile mit dem Ergebnis der vorherigen Zeile.

a)

360	: 40	=	9
9	· 20	=	
	: 2	=	
	: 30	=	
	· 50	=	
	: 30	=	
	· 70	=	
	: 50	=	
	· 40	=	280

b)

400	: 80	=	
	· 60	=	
	: 10	=	
	· 8	=	
	· 2	=	
	: 80	=	
	· 90	=	
	: 6	=	
	: 3	=	30

c)

630	: 7	=	
	: 3	=	
	· 4	=	
	: 60	=	
	· 80	=	
	· 2	=	
	: 40	=	
	· 70	=	
	: 80	=	7

2 Fülle die Tabelle aus.

A	30	80	60	100	40	60	70	90	100
B	5	4					7		
A mal B	150		120		320			270	
A geteilt durch B	6			20		20			10

3 Berechne und trage ein.

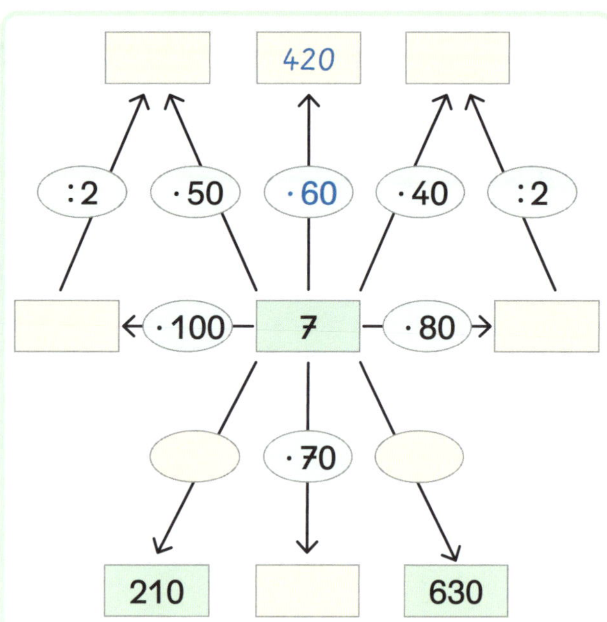

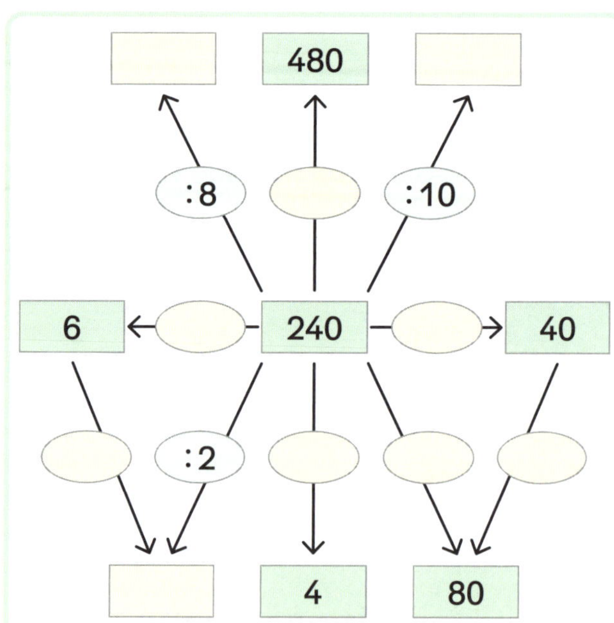

1 Zum Wiegen der Lebensmittel wurden jeweils die angegebenen Gewichtsstücke verwendet. Berechne das Gewicht.

650 g

☐ g

☐ g

☐ g

☐ g

☐ g

2 Kreise in jeder Zeile das passende Gewicht ein.

Gegenstand	Gewicht				
1 Packung Mehl	200 g	1 000 g	100 g	5 kg	500 g
1 Tafel Schokolade	1 kg	250 g	500 g	100 g	3 kg
1 Packung Butter	250 g	500 g	100 g	1 kg	750 g
1 Arbeitsblatt	30 g	5 g	100 g	80 g	1 kg
1 Teebeutel	100 g	10 g	2 g	80 g	50 g
1 Sack Kartoffeln	500 g	150 g	750 g	1 000 g	5 kg
1 Gummibärchen	100 g	10 g	2 g	200 g	50 g
1 Becher Sahne	100 g	50 g	750 g	200 g	500 g
1 Fußball	100 g	400 g	1 kg	800 g	2 kg
1 Tennisball	100 g	60 g	500 g	1 kg	200 g

1 Immer zwei Kärtchen gehören zusammen. Verbinde passend.

500 g	1 kg 250 g	$\frac{3}{4}$ kg	250 g	2,500 kg
$1\frac{1}{4}$ kg	0,750 kg	0,500 kg	$2\frac{1}{2}$ kg	$\frac{1}{4}$ kg

2 Kreise jeweils drei zueinander passende Gewichtsangaben mit der gleichen Farbe ein.

500 g · 50 g · 0,750 kg · 0,500 kg · $\frac{3}{4}$ kg · $\frac{1}{2}$ kg · 0 kg 250 g · 750 g · $\frac{1}{4}$ kg · 0 kg 50 g · 0,050 kg · 250 g

3 Ordne die Gewichtsangaben.

a) Beginne mit der kleinsten Gewichtsangabe.

0,750 kg · 57 g · 0,075 kg · 570 g · $\frac{1}{2}$ kg

____

b) Beginne mit der größten Gewichtsangabe.

0,052 kg · $\frac{1}{4}$ kg · 0,520 kg · 205 g · 25 g

____

4 Vergleiche. Setze die Zeichen <, > oder = passend ein.

a)

750 g	>	$\frac{1}{4}$ kg
600 g	◯	$\frac{3}{4}$ kg
0,250 kg	◯	250 g
$\frac{1}{2}$ kg	◯	50 g

b)

1 kg 40 g	◯	1 400 g
0,030 kg	◯	28 g
75 g	◯	0,750 kg
1 kg 250 g	◯	$1\frac{1}{4}$ kg

c)

$\frac{1}{4}$ kg	◯	25 g
500 g	◯	$\frac{1}{2}$ kg
0,900 kg	◯	90 g
570 g	◯	0,750 g

Zweistellige Zahlen multiplizieren

1 Löse die Aufgaben. Schreibe deine Rechenschritte auf.

a) 3 · 72 =

b) 5 · 46 =

c) 6 · 28 =

d) 32 · 7 =

e) 53 · 4 =

f) 34 · 8 =

2 Bestimme die Aufgabe, die zu den Teilaufgaben gehört. Berechne die Ergebnisse.

a)
· =
7 · 50 =
7 · 4 =

b)
· =
8 · 60 =
8 · 2 =

c)
· =
30 · 9 =
3 · 9 =

3 Ergänze die fehlenden Zahlen.

a)
8 · =
8 · = 320
8 · 4 =

b)
6 · =
6 · 30 =
6 · = 42

c)
· 7 =
· 7 = 280
· 7 = 56

4 Rechne geschickt. Löse die Aufgaben im Kopf.

a) 79 · 8 =
b) 42 · 9 =
c) 7 · 39 =
d) 29 · 3 =
e) 98 · 5 =
f) 8 · 99 =
g) 68 · 5 =
h) 35 · 9 =
i) 9 · 24 =
j) 49 · 6 =
k) 79 · 4 =
l) 5 · 48 =

1 Löse die Aufgaben. Zerlege in zwei Teilaufgaben.

a) 56 : 4 =

b) 96 : 8 =

c) 69 : 3 =

2 Bestimme die Aufgaben, die zu den Teilaufgaben gehören. Berechne die Ergebnisse.

a) __ : __ = __
60 : 6 =
36 : 6 =

b) __ : __ = __
40 : 4 =
32 : 4 =

c) __ : __ = __
70 : 7 =
28 : 7 =

3 Ergänze die fehlenden Zahlen. Kontrolliere mit der Umkehraufgabe.

a) 24 : __ =
__ : 2 = 10
__ : 2 =
__ · __ =

b) 54 : __ =
30 : __ = 10
__ : __ =
__ · __ =

c) __ : 7 =
70 : __ =
__ : __ = 4
__ · __ =

d) 56 : __ =
__ : 4 = 10
__ : 4 = 4
__ · __ =

e) 75 : __ =
50 : __ = 10
__ : __ =
__ · __ =

f) __ : 6 =
60 : __ =
__ : __ = 6
__ · __ =

1 Verbinde jede Aufgabe mit den passenden Teilaufgaben. Löse dann die Aufgaben.

512 : 8 = 64	291 : 3 = ☐	258 : 6 = ☐	675 : 9 = ☐	198 : 3 = ☐
270 : 3 = ☐	480 : 8 = ☐	180 : 3 = ☐	630 : 9 = ☐	240 : 6 = ☐
32 : 8 = ☐	45 : 9 = ☐	21 : 3 = ☐	18 : 3 = ☐	18 : 6 = ☐

2 Löse die Aufgaben in Schritten.
Suche zuerst die Aufgabe aus dem Zehnereinmaleins.

a) 328 : 4 =
320 : 4 = 80
8 : 4 = 2

b) 588 : 7 =

c) 365 : 5 =

d) 552 : 8 =

e) 468 : 6 =

f) 477 : 9 =

3 Löse die Aufgaben. Beachte den Zusammenhang zwischen Aufgaben und Ergebnissen. Schreibe auf, was dir auffällt.

a) 104 : 2 =

b) 208 : 4 =

c) 416 : 8 =

Geldbeträge unterschiedlich zusammenstellen

1 Finde passende Scheine und Münzen. Zeichne jeweils zwei Möglichkeiten.

a) 600 €

b) 350 €

c) 145 €

d) 425 €

e) 507 €

f) 179 €

2 Ergänze zu 1 000 Euro. Schreibe die Ergänzungsaufgabe auf.

a)

200 € | 100 € | 100 €

600 € + 400 € = 1 000 €

b)

€ + € = 1 000 €

c)

€ + € = 1 000 €

d)

€ + € = 1 000 €

1 Wandle um. Ergänze die Tabelle.

238 ct			17 ct		
2 € 12 ct	5 € 16 ct			0 € 9 ct	
2,38 €		7,04 €			8,00 €

2 Verbinde passend.

40,40 € | 40,04 € | 4,40 € | 44,04 € | 0,04 € | 44,40 €

4 € 40 ct | 40 € 40 ct | 40 € 4 ct | 44 € 40 ct | 0 € 4 ct | 44 € 4 ct

3 Umkreise Preisschilder mit dem gleichen Betrag in der gleichen Farbe.
Immer drei Schilder gehören zusammen.

8,50 € | 650 ct | 0,08 € | 8 € 50 ct | 3 € 15 ct
6 € 15 ct
6 € 50 ct | 351 ct | 8,05 € | 3,51 €
6,50 €
315 ct | 615 ct | 8 € 5 ct | 6,15 €
805 ct | 8 ct | 850 ct | 3,15 € | 3 € 51 ct

4 Schreibe die Geldbeträge mit Kommazahlen.

a) 8 € 1 ct = 8,01 €
81 ct = ______
81 € 10 ct = ______
8 € 11 ct = ______

b) 50 € 5 ct = ______
5 € 5 ct = ______
5 ct = ______
50 ct = ______

c) 4 € 3 ct = ______
43 ct = ______
4 € 30 ct = ______
40 € 3 ct = ______

5 Passende Rechnungen und Antworten finden

1 Finde zu jeder Rechengeschichte (G) eine Rechnung (R) und die Antwort (A).

a) G: Lisa kauft für sich ein Erdbeertraum-Eis und für ihren Bruder ein Waffeleis.
F: Wie viel kostet es insgesamt?
R:
A:

b) G: Tim kauft ein Knuspi-Eis. Er bezahlt mit einem 5-Euro-Schein.
F: Wie viel bekommt er zurück?
R:
A:

c) G: Paul hat 3 Euro dabei. Er möchte für Max, Maja und sich das gleiche Eis kaufen. Überlege zuerst, welches Eis er auswählt.
F1: Wie viel muss er bezahlen?
R1:
A1:
F2: Wie viel Geld hat er noch übrig?
R2:
A2:

d) G: Lea kauft für sich und fünf weitere Kinder die Sparpackung Exotic-Traum. Jedes Kind bekommt ein Eis.
F1: Wie viel kostet ein Eis?
R1:
A1:
F2: Wie viel spart sie insgesamt?
R2:
A2:

6 Ein Fahrrad zusammenstellen

58

1 Ole und Lisa sollen neue Fahrräder bekommen.

a) Ole möchte sich ein Mountainbike zusammenstellen.
Ergänze das Baumdiagramm.
Ole hat ________ Möglichkeiten.

b) Lisa möchte sich ein Citybike zusammenstellen.
Ergänze das Baumdiagramm.
Lisa hat ________ Möglichkeiten.

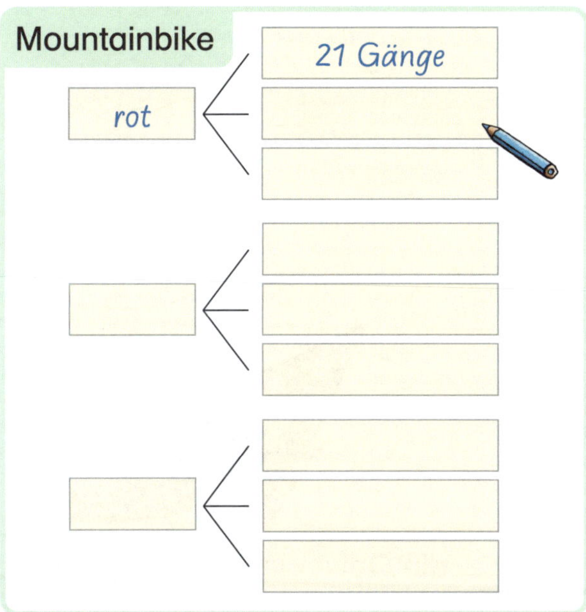

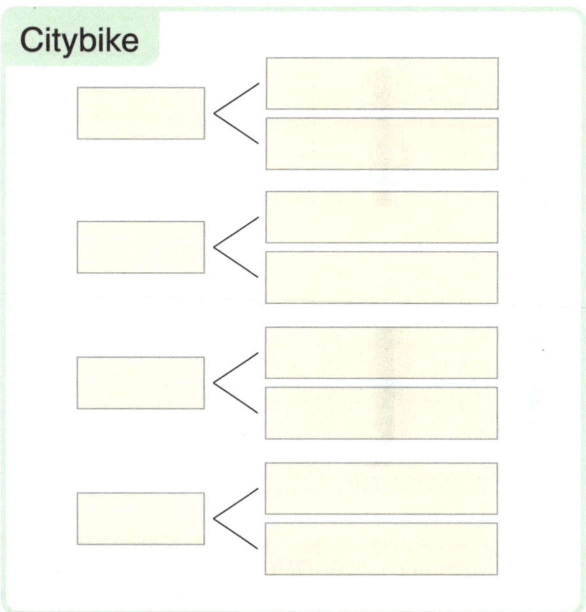

2 Ole und Lisa wollen die Zahlen an ihren neuen Fahrradschlössern einstellen.

a) Ole möchte für sein Fahrradschloss seine drei Lieblingszahlen 3, 7 und 2 verwenden.
Welche Möglichkeiten hat er, diese Zahlen zu verwenden?

372, ______________________________

b) Lisa hat auch ein Fahrradschloss mit drei Stellen.
Sie möchte gern zweimal ihre Lieblingszahl 5 verwenden.

____

____

____

1 Kreuze die Aussagen an, die zu dem abgebildeten Glücksrad passen.

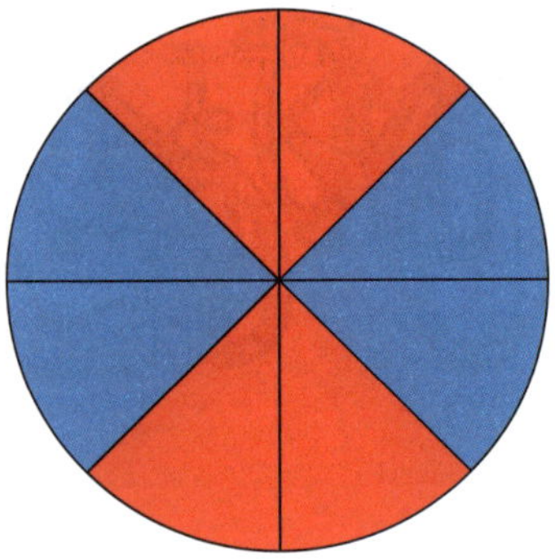

- ○ Es ist sicher, dass Rot gewinnt.
- ○ Es ist möglich, dass Rot gewinnt.
- ○ Es ist unmöglich, dass Rot gewinnt.
- ○ Es ist möglich, aber nicht sicher, dass Blau gewinnt.
- ○ Die Gewinnchancen für Rot sind höher als für Blau.
- ○ Die Gewinnchancen sind für Rot und Blau gleich gut.

2 Zeichne die Glücksräder so, dass Rot und Blau die gleichen Gewinnchancen haben.

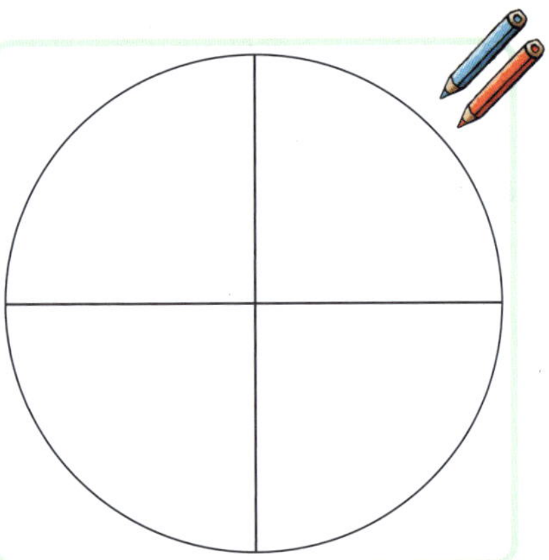
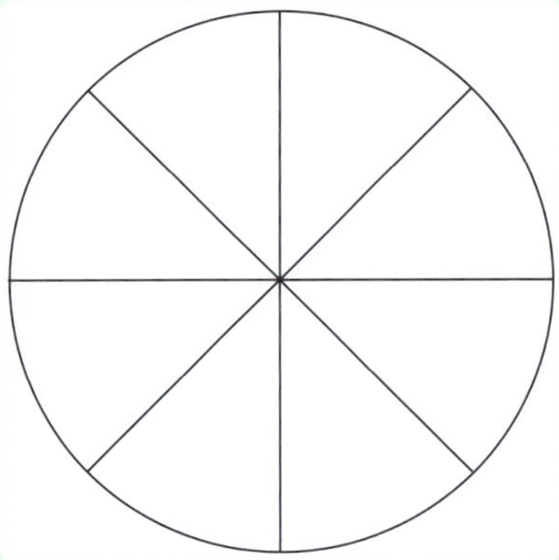
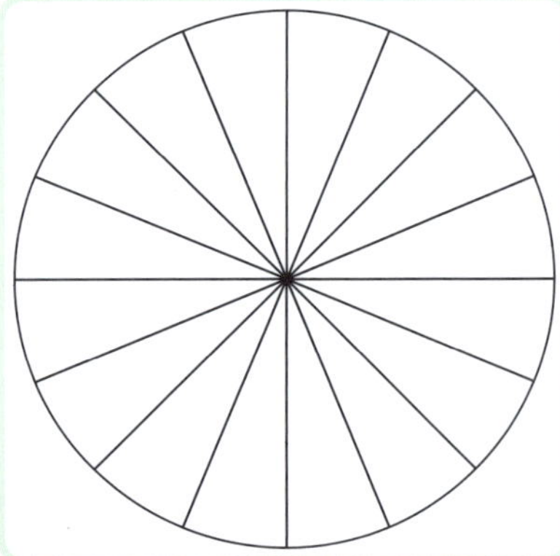

3 Zeichne ein Glücksrad, bei dem …

a ... die Gewinnchance für Rot doppelt so groß ist wie die für Blau.

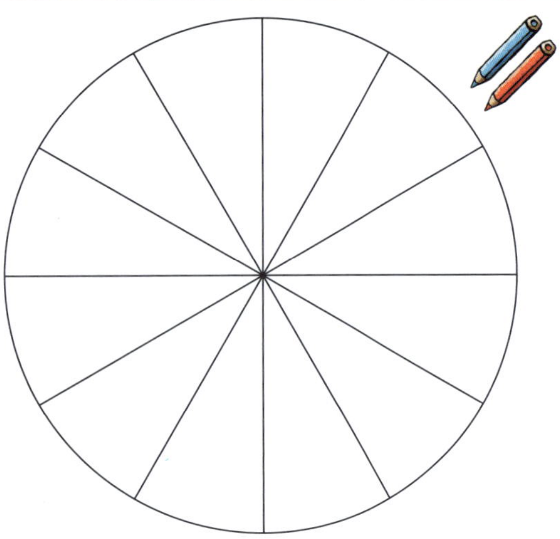

b ... die Gewinnchance für Blau dreimal so groß ist wie die für Rot.

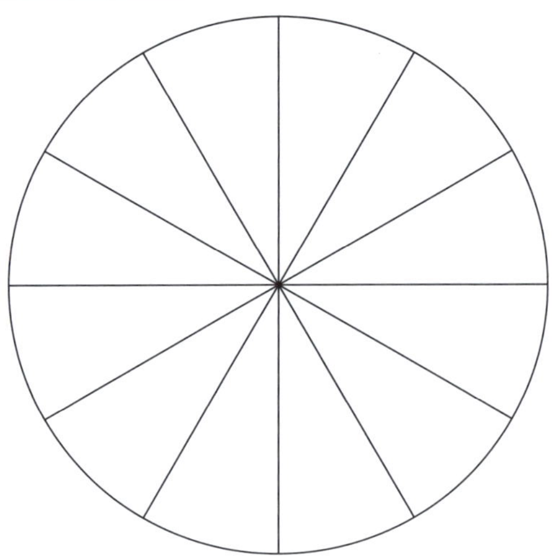